周期表

10	11	12	13	14	15	16	17	18
								2 He 4.003 ヘリウム
			5 B 10.81 ホウ素	6 C 12.01 炭素	7 N 14.01 窒素	8 O 16.00 酸素	9 F 19.00 フッ素	10 Ne 20.18 ネオン
			13 Al 26.98 アルミニウム	14 Si 28.09 ケイ素	15 P 30.97 リン	16 S 32.07 硫黄	17 Cl 35.45 塩素	18 Ar 39.95 アルゴン
28 Ni 58.69 ニッケル	29 Cu 63.55 銅	30 Zn 65.38 亜鉛	31 Ga 69.72 ガリウム	32 Ge 72.64 ゲルマニウム	33 As 74.92 ヒ素	34 Se 78.96 セレン	35 Br 79.90 臭素	36 Kr 83.80 クリプトン
46 Pd 106.4 パラジウム	47 Ag 107.9 銀	48 Cd 112.4 カドミウム	49 In 114.8 インジウム	50 Sn 118.7 スズ	51 Sb 121.8 アンチモン	52 Te 127.6 テルル	53 I 126.9 ヨウ素	54 Xe 131.3 キセノン
78 Pt 195.1 白金	79 Au 197.0 金	80 Hg 200.6 水銀	81 Tl 204.4 タリウム	82 Pb 207.2 鉛	83 Bi 209.0 ビスマス	84 Po (209) ポロニウム	85 At (210) アスタチン	86 Rn (222) ラドン
110 Ds (281) ダームスタチウム	111 Rg (284) レントゲニウム	112 Cn (288) コペルニシウム	113 Nh (289) ニホニウム	114 Fl (289) フレロビウム	115 Mc (289) モスコビウム	116 Lv (289) リバモリウム	117 Ts テネシン	118 Og オガネソン

| 64
Gd
157.3
ガドリニウム | 65
Tb
158.9
テルビウム | 66
Dy
162.5
ジスプロシウム | 67
Ho
164.9
ホルミウム | 68
Er
167.3
エルビウム | 69
Tm
168.9
ツリウム | 70
Yb
173.0
イッテルビウム | 71
Lu
175.0
ルテチウム | |
| 96
Cm
(247)
キュリウム | 97
Bk
(247)
バークリウム | 98
Cf
(251)
カリホルニウム | 99
Es
(252)
アインスタイニウム | 100
Fm
(257)
フェルミウム | 101
Md
(258)
メンデレビウム | 102
No
(259)
ノーベリウム | 103
Lr
(262) | |

化学の基本概念

… 理系基礎化学 …

齋藤太郎 著

Fundamental Concepts of Chemistry

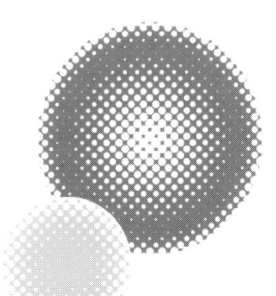

裳華房

Fundamental Concepts of Chemistry

by

Taro Saito

SHOKABO

TOKYO

まえがき

　本書は化学の基本概念理解のために著された。化学は学習しにくい課目であると思われる。化合物が多いことと，理論が物理のようにすっきりしたものと感じられないからであろう。高校では，物質の巨視的世界の挙動を中心に学び，原子・分子の微視的世界から化学が解き明かされることが少ないので，化合物の姿が見えにくい。20世紀に量子力学が誕生してから微視的世界が解明されてきた。また合成化学の進歩により，化合物の数が著しく増加し，何千万個の化合物が記録されるようになった。一方科学の進歩により，今まで理論や経験からの推論にすぎなかった原子や分子が可視化されるようになった。小さすぎて見ることのできない化合物の形や動きを見ることができるようになり，化学に接する感覚に革命的変化が起こっている。

　本書は伝統的記述とは多少異なる様式を採用して，理解しにくい化学の基本概念を明らかにする。前半は原子・分子の微視的世界の概念を，後半は原子・分子の集合体としての巨視的世界の概念を述べる。微視的世界の完全な理解には量子力学が必要であるので，必要最少限の術語とそれらの意味を摑めるようにした。巨視的世界は熱力学に基礎を置く。19世紀に確立した学問分野であり，物質の物理的・化学的挙動の理解に欠かせない。本書は物理化学の基本を学ぶものであるので，有機化学にはほとんど触れていない。

　できるだけ数式に頼らず，概念を把握できるようにしたが，数式を使わないで理論を理解することはかえって困難である。最少限の数式は必須であるので，その部分は式を繰り返し眺めて，式の意味を把握することに努めよう。数式には物理量が含まれる。数値と単位の積として表される物理量の計算に習熟する目的で，序章において物理量と単位について必要事項を解説している。単位はSI単位に統一している。

　化学の学習には化合物の知識が不可欠である。非常に単純な化合物が人間にとって如何に重要であるかを理解し，さらに複雑な化合物に対する興味と知識を深めることが必要である。本書には化合物に関する各論がないので，囲み記事として酸素や水などいくつかの単体や重要化合物について記述した。これらの物質は各章の主題に沿ったものとは限らないが，息抜きとして読めると思う。

　化学を身につけるためには演習が欠かせない。各章に基本的な演習問題を出題してある。問題の解答は解説とともに記述してあるが，解き方と答えを暗記するのではなく，概念を理解することが重要である。

　理系学科に進学すれば，詳細な理論や各論を学ぶことになるが，概念を正確に理解していれば，学習の大きな助けになる。単純な数式に凝縮された概念が自然

科学の進歩にもたらした重大な役割を認識して，化学の基本概念の理解に努めてほしい。

　本書を著すにあたり，お世話になった横浜国立大学工学部 伊藤　卓 名誉教授，草稿を丁寧に査読くださり貴重なご意見をお寄せくださった神奈川大学理学部 野宮健司教授，平田善則教授，富山大学理学部 柘植清志教授に厚くお礼申しあげたい。裳華房の小島敏照氏はじめ編集部の方々には大変お世話になったことを深謝する。

2013 年 7 月

齋　藤　太　郎

目　次

● 序章　物理量と単位
0・1　物理量と単位の記号　1
0・2　SI 単位　1
0・3　物理量の四則計算　3
0・4　基本物理定数　4
演習問題　4

I　微視的化学 —量子論から見た化学—

● 第1章　元　素
1・1　元素とは　6
1・2　元 素 名　7
1・3　元素の周期表　8
1・4　金 属 元 素　10
1・5　非金属元素　11
1・6　周期表における元素の性質の傾向　12
演習問題　13

● 第2章　物　質　量
2・1　原子の大きさ　14
2・2　モルとアボガドロ定数　15
2・3　原　子　量　16
2・4　粒子数とモル数の関係　16
2・5　アボガドロの法則　17
2・6　溶液の濃度　18
2・7　元素分析，実験式と分子式　19
演習問題　20

● 第3章　原子の構造
3・1　原　子　論　21
3・2　原子の構造　22
3・3　電 子 分 布　22
3・4　同　位　体　23
3・5　放 射 壊 変　24
演習問題　26

第4章 電子のエネルギー

4・1 電子の質量とエネルギー　27
4・2 振動数とエネルギー　27
4・3 電子の波動性　28
4・4 ボーアの振動数条件　29
4・5 電　磁　波　29
4・6 エネルギー準位　30
4・7 電子スペクトル　31
4・8 ランベルト–ベールの法則　31
4・9 水素の発光スペクトル　32
演習問題　33

第5章 波動関数と原子軌道

5・1 ボーアモデル　34
5・2 シュレーディンガー方程式, 波動関数, 量子数　35
5・3 軌道の形　37
演習問題　40

第6章 原子の電子構造

6・1 遮蔽と有効核電荷　41
6・2 軌道のエネルギー準位　42
6・3 パウリの排他原理, フントの規則　42
6・4 構　成　原　理　43
6・5 電　子　構　造　45
6・6 内殻電子と価電子　46
演習問題　47

第7章 分子軌道法

7・1 分　子　軌　道　48
7・2 結　合　次　数　51
7・3 ヒュッケル近似　52
7・4 混　成　軌　道　53
演習問題　56

第8章 化学結合

8・1 原　子　半　径　57
8・2 イ オ ン 半 径　58
8・3 電 気 陰 性 度　59
8・4 イ オ ン 結 合　60
8・5 共有結合とルイス構造　61

8・6　金属結合　63
　　演習問題　64

● **第9章　固体の結合と構造**
　　9・1　分子と非分子　65
　　9・2　イオン結晶　66
　　9・3　イオン半径比　66
　　9・4　共有結合結晶　67
　　9・5　金　属　69
　　9・6　多形と同素体　70
　　9・7　不定比化合物　70
　　演習問題　71

II　巨視的化学 ―熱力学から見た化学―

● **第10章　熱力学第一法則**
　　10・1　系と外界　74
　　10・2　状態量　74
　　10・3　内部エネルギー　75
　　10・4　熱力学第一法則　76
　　10・5　エンタルピー　76
　　10・6　ヘスの法則　78
　　10・7　熱容量　80
　　演習問題　81

● **第11章　熱力学第二法則**
　　11・1　エントロピー　82
　　11・2　ギブズエネルギー　85
　　11・3　化学平衡　86
　　11・4　ギブズエネルギーと平衡定数　87
　　11・5　熱機関の効率　88
　　演習問題　88

● **第12章　酸化と還元**
　　12・1　酸化数　89
　　12・2　酸化と還元　89
　　12・3　標準電極電位　90
　　12・4　酸化還元反応と標準電極電位　92
　　12・5　電　池　93

viii　目　次

　　12・6　電気分解　94
　　演習問題　95

● 第13章　酸と塩基　●●●
　　13・1　アレニウス酸・塩基　96
　　13・2　ブレンステッド酸・塩基　96
　　13・3　酸の構造と酸性度　97
　　13・4　酸性度の測定　99
　　13・5　水平化効果　100
　　13・6　緩衝液　101
　　13・7　ルイス酸・塩基　102
　　演習問題　103

● 第14章　反応速度と触媒　●●●
　　14・1　反応速度　104
　　14・2　アレニウス式　106
　　14・3　触媒　107
　　14・4　反応の熱力学支配と速度支配　109
　　演習問題　110

　　　　　　　演習問題解答　111　　　索　引　125

囲み記事

水 (H_2O)　11	塩化ナトリウム (NaCl)　61
炭素 (C)　18	二酸化ケイ素 (SiO_2)　68
ウラン (U)　26	二酸化炭素 (CO_2)　79
水素 (H_2)　33	ベンゼン (C_6H_6)　83
窒素 (N_2)　37	塩素 (Cl_2)　90
酸素 (O_2)　46	硫酸 (H_2SO_4)　99
メタン (CH_4)　55	アンモニア (NH_3)　107

序章 物理量と単位

物理化学では，計算により物質の性質を定量的に取り扱う．計算に用いる量は，長さ，質量，時間，温度，力，圧力，エネルギー，電流，光度，物質量などの物理量と呼ばれるものである．物理量は数値と単位の積で表されるので，単位をきちんと定めておく必要がある．物理化学は普遍的であり，世界中で共通の単位を使用することが望ましい．無機化学や有機化学においても，物理化学が化合物の性質を明らかにするための基礎となる．この章では物理量と単位の概要ならびに物理量計算方法の基本を解説する．現在は SI 単位と呼ばれる単位系の使用が推奨されており，近い将来，全世界の化学は完全に SI 単位系に移行することになろう．したがって，本書では断らない限り全面的に SI 単位を使用する．

0・1 物理量と単位の記号

化合物の性質を定量的に扱うのが物理化学であり，物理化学では必ず理論式あるいは経験式に物理量を代入して計算をおこなう．その際物理量の正確な取扱いをしないと混乱をきたし，正しい計算結果が得られないので，初歩の物理化学を学ぶ段階からきちんと身につけておく必要がある．本書においても，若干の数値計算例を示しているし，演習問題を解くために使うので，この章では必要最少限の規則と，よく使用する単位および数値の概略を述べる．

物理量は数値と単位の積として表現される．

$$\text{物理量}^{*1} = \text{数値} \times \text{単位}$$

物理量の記号はラテン文字またはギリシャ文字の大文字あるいは小文字1文字を用いる．これらの文字はイタリック体（斜体）で示す．単位の記号はローマン体（立体）で示す．人名に由来するもの以外は小文字で表す．ただしリットルの場合は数字の1と紛らわしいので，大文字 L と小文字 l の両者が許容される．

数値が物質量に比例する性質を持つ物理量（体積，質量，エネルギーなど）を**示量性**物理量という．数値が物質量に依存しない物理量（密度，温度，圧力など）を**示強性**物理量という．

*1 物理量の例
100 m, 5 kg, 3600 s, 273 K, 10^5 Pa, 250 J, 0.5 mol

示量性 extensive
示強性 intensive

0・2 SI 単位

SI という国際的取り決めにより，物理量は7個の**基本単位**とそれらから誘導される**組立単位**から成る．表 0・1 に SI 基本単位を示す．

他のすべての物理量は組立物理量と呼ばれ，7個の基本物理量の積ま

SI The International System of Units

表 0・1　SI 基本単位[*2]

物理量	記号	SI 単位の名称	SI 単位の記号
長さ	l	メートル metre	m
質量	m	キログラム kilogram	kg
時間	t	秒 second	s
電流	I	アンペア ampere	A
熱力学温度	T	ケルビン kelvin	K
物質量	n	モル mole	mol
光度	I_v	カンデラ candela	cd

[*2] 2019年5月20日から SI 基本単位は新しい物理量の定義により定められる。「新しい七つの基本単位の定義」(化学と工業, Vol.72-4, 2019) 参照。

表 0・2　物理化学で汎用される SI 組立単位

物理量	SI 単位の名称	SI 単位の記号	SI 基本単位による表現
周波数	ヘルツ hertz	Hz	s^{-1}
力	ニュートン newton	N	$m\,kg\,s^{-2}$
圧力	パスカル pascal	Pa	$N\,m^{-2} = m^{-1}\,kg\,s^{-2}$
エネルギー	ジュール joule	J	$N\,m = m^2\,kg\,s^{-2}$
電荷	クーロン coulomb	C	$A\,s$
電位	ボルト volt	V	$J\,C^{-1} = m^2\,kg\,s^{-3}\,A^{-1}$
静電容量	ファラド farad	F	$C\,V^{-1} = m^{-2}\,kg^{-1}\,s^4\,A^2$
セルシウス温度	セルシウス度 degree Celsius	℃	K
体積			m^3
速度			$m\,s^{-1}$
加速度			$m\,s^{-2}$
運動量		p	$kg\,m\,s^{-1}$
波数			m^{-1}
密度			$kg\,m^{-3}$
モル濃度			$mol\,dm^{-3}$
熱容量			$J\,K^{-1} = m^2\,kg\,s^{-2}\,K^{-1}$
エントロピー			$J\,K^{-1} = m^2\,kg\,s^{-2}\,K^{-1}$
モルエネルギー			$J\,mol^{-1} = m^2\,kg\,s^{-2}\,mol^{-1}$

たは商により代数的に組み立てられた次元を持つ。たとえば，圧力を表す組立単位 $m^{-1}\,kg\,s^{-2}$ において，長さを l，質量を m，時間を t で表すと，$[p] = [l]^{-1}[m]^1[t]^{-2}$ を**次元式**という。物理量を表す単位には非常に多くの種類があるが，**表 0・2** に物理化学でよく使用される SI 組立単位を挙げる。

単位の中には古くから慣習的に使われてきたものもあるので，**表 0・3** の単位がしばしば **SI 単位**と併用されている。

単位を扱うのに，数値の桁数が大きすぎて不便になるのを防ぐために，倍数の接頭語が定められている。これらの接頭語を数値の前につけ

表 0・3　SI と併用されている単位

物理量	SI 単位の名称	SI 単位の記号	SI 単位の値
時間	minute	min	60 s
時間	hour	h	3600 s
時間	day	d	86400 s
長さ	ångström	Å	10^{-10} m
体積	litre	l, L	$dm^3 = 10^{-3}$ m^3
圧力	bar	bar	10^5 Pa = 10^5 N m^{-2}
エネルギー	electronvolt	eV	1.602×10^{-19} J

表 0・4　SI 接頭語

倍数	接頭語	記号	倍数	接頭語	記号
10^{-1}	deci	d	10	deca	da
10^{-2}	centi	c	10^2	hecto	h
10^{-3}	milli	m	10^3	kilo	k
10^{-6}	micro	μ	10^6	mega	M
10^{-9}	nano	n	10^9	giga	G
10^{-12}	pico	p	10^{12}	tera	T
10^{-15}	femto	f	10^{15}	peta	P
10^{-18}	atto	a	10^{18}	exa	E

れば，便利である場合が多い[*3]。接頭語は 10 のべき乗を用い，小さい倍数と大きい倍数がある。これらを**表 0・4** に示す。

*3　接頭語の使用例
200 MHz, 10^3 hPa, 200 pm, 5.30 ns

0・3　物理量の四則計算

物理量の値は数値と単位の積として表されるので，計算には必ず数値と単位の両者を含める。単位はいずれも掛け算，割り算の規則を用いて計算できる。また同じ単位の足し算，引き算はできるが，異なる単位の足し算，引き算はできない。たとえば，

$7 \text{ N}/(10 \text{ m}^2) = 0.7 \text{ N m}^{-2} = 0.7 \text{ Pa}$ のような計算，あるいは

$5 \text{ m} + 7 \text{ m} = 12 \text{ m}$ のような計算は可能であるが，

$5 \text{ m} + 3 \text{ kg}$ や $10 \text{ s} - 3 \text{ A}$ のような計算は不可能である。

物理量の掛け算や割り算により，新しい物理量に変換される。全ての計算はまず計算すべき物理量を SI 基本単位に直してからおこなえば，計算結果の物理量も基本単位で表現される。計算結果の物理量が合理的であれば，その計算は正しい。数値計算をする前に，単位の計算をして，計算式の合理性を検討すべきである。

本書では，特に断らない限り物理量を **SI 単位** で表し，計算も数値と単位の積としての物理量を用いておこなう。したがって，数値の計算をおこない最後に適切な単位をつけるのではなく，数値とともに SI 基本単位の積および商の計算に習熟してほしい。計算結果の単位の合理性が最高の検算になることに留意すべきである。たとえば，

$10^5 \text{ Pa} \times 10^{-3} \text{ m}^3 = 10^2 \text{ (m}^{-1} \text{ kg s}^{-2}) \times \text{m}^3 = 10^2 \text{ m}^2 \text{ kg s}^{-2} = 10^2 \text{ J}$

のようになる。

高校の教科書においては，通常は図表に数値のみが示され，表の項目やグラフの軸に [kg] あるいは (m) のように記す例が多い。しかし，物理量は全て単位を含むものであり，数値は物理量を単位で割った商であるので，本書では /kg あるいは /m のように記す。

特に強調したいのは，現在でも体積はリットル L，気圧は atm を使

用する場合が多いが，世界の趨勢は統一した単位を使用する方向にあるということで，SI 単位を用いて体積は dm³，気圧は Pa で統一する*4。

*4　1 L = 1 dm³，1 atm = 1.01325 × 10⁵ Pa

0・4　基本物理定数

物理定数の記号はイタリック体（斜体）で表され，数値と単位の積である。物理定数は非常に多いが，**表 0・5** に物理化学で使用される主なものを挙げる。2019 年 5 月 20 日に公表された国際単位系（SI）により，光速度に加え，プランク定数，電気素量，ボルツマン定数，アボガドロ定数が定義値となった。

表 0・5　基本物理定数

物理量	記号	数値	単位
真空中の光速度	c_0	299 792 5	m s^{-1}
真空の誘電率	ε_0	8.854 188 × 10^{-12}	F m^{-1}
電気素量	e	1.602 177 × 10^{-19}	C
プランク定数	h	6.626 070 × 10^{-34}	J s
アボガドロ定数	N_A	6.022 141 × 10^{23}	mol^{-1}
電子の質量	m_e	9.109 384 × 10^{-31}	kg
陽子の質量	m_p	1.672 622 × 10^{-27}	kg
中性子の質量	m_n	1.674 927 × 10^{-27}	kg
ファラデー定数	F	9.648 533 × 10^4	C mol^{-1}
リュードベリ定数	R_∞	1.097 373 × 10^7	m^{-1}
気体定数	R	8.314 463	J K^{-1} mol^{-1}
ボルツマン定数	k_B	1.380 649 × 10^{-23}	J K^{-1}
標準大気圧	$p°$	1.013 25 × 10^5	Pa

アボガドロ定数は mol^{-1} という単位を持ち，モルあたりの数であることを明示する。単位をつけない純粋な数である $6.022 × 10^{23}$ を**アボガドロ数**と呼ぶ場合もあるが，この表現は正式には認められていない。

演習問題

0・1　温度，圧力，体積の記号を記せ。

0・2　力，エネルギー，電荷の単位の記号を書け。

0・3　エネルギーの次元式を表せ。

0・4　1 J は何 eV か。

0・5　1 atm は何 bar であるか。

0・6　100 L は何 dm³ であるか。

0・7　気体方程式 $pV = nRT$ において，圧力，体積，物質量，温度を SI 基本単位で表すと，気体定数 R は SI 基本単位を用いてどのように表されるか。

0・8　電荷と電位の SI 基本単位を用いて，電荷と電位の積の物理量は何であるかを明らかにせよ。

I 微視的化学
―量子論から見た化学―

　単体や化合物の結合，構造，反応，物性などを，電子と原子の性質から解き明かすのが**微視的化学**（microscopic chemistry）である。原子の構造，電子のエネルギーについての古典的理論を土台にして生まれた量子力学や分子軌道法により，現代の結合論，構造化学，反応論は大きな発展を遂げてきた。昔は微視的粒子である原子や分子は目で見ることはできなかったので，これらの理論はスペクトルや物質の巨視的（macroscopic）性質からの推論であった。しかし，現在種々の先端的実験手段により，原子や分子の形を目で見ることができるようになり，過去の推論が正しかったことが明らかになってきた。第1章から第9章では，微視的粒子の化学を主として量子化学的観点から述べる。

第1章　元　素

元素の概念の変遷，現代化学における元素の定義，元素と原子の関係，元素名の由来，元素の周期表，周期表における元素のブロック分類，主要族元素と還移元素の性質，金属元素と非金属の特徴と違い，周期表における位置，元素の性質の傾向について学ぶ。

・・・・・

1・1　元素とは

　化学が近代科学として発展し始めた18世紀ごろには，これ以上単純な物質に分けることができない物質，すなわち金，銀，銅，鉄，鉛，硫黄，炭素，酸素，窒素などの**単体**が**元素**と定義された。ギリシャ時代以来，土，水，空気，火が元素と信じられたり，硫黄，水銀，塩が元素と思われたのと比べると大きな進歩であったが，今日の原子の概念には到達していなかった。

単体　simple substance または element

　あらゆる物質は極めて小さい粒子である**原子**からできている。原子には100余りの種類があり，同一の原子番号を有する原子の種類を元素という。単一の原子のみから成る物質が単体であり，複数の種類の原子から成る物質が**化合物**である。単体としては，酸素ガス，臭素，黒鉛，硫黄，水銀，金などが典型的なものであり，化合物としては水，二酸化炭素，石英，メタン，エタノール，ベンゼンなどがある。また，空気，海水，岩石，植物，動物などの天然物や，プラスチック，医薬品，携帯電話，コンピューター，自動車，建築物などの人工物は，多くの化合物の複雑な集合体である。

原子　atom

化合物　compound

　元素とアルファベットの比較は有用かつ重要な類推と言えよう。単語はアルファベットで綴られ，単語を文法に従って並べると文章になり，文章の集合が書籍となる。古今東西のあらゆる文化，文明がわずかな数のアルファベットにより記録されてきたのと同様に，あらゆる物質が100個余りの元素から構成されている。アルファベットの組み合わせは無限であり，元素の組み合わせも無限である。しかし，言葉には文法が必要なように，化合物には原子の結合法則が必要であり，この法則を明らかにして，化合物の合成，構造，反応，物性などの性質を調べる学問が化学である。文法は言語によって異なるが，化学の法則は普遍的である。毎年，世界中で何万種類の本が出版されるとともに，何十万種類の新化合物が合成されている。現在では登録された化合物の種類は数千万

種であり，その数は年々指数関数的に増加している．

1・2　元 素 名

元素名と元素記号は化学の基本である．歴史的に整理すると，元素名は古くからの単体の名称が受け継がれたものと，発見者の名前や発見場所の国名，地理名，単体の性質などが基になっているものに大別できよう．近代化学が発展するとともに，未知の元素が発見され，19世紀後半までに83個の元素が知られていた．最後の天然元素であるレニウムは1925年に発見され，それ以後に発見された元素は人工元素である．現在118番元素までの正式名が決まっている．表1・1に日本語元素名と元素記号の起源の例を挙げる[1,2]．

現在世界中で使用される元素名はIUPAC（国際純正・応用化学連合）で正式に定められた英語名称に従う．しかしながら元素によっては

表1・1　元素名と元素記号の起源

日本語元素名	日本語名起源	元素記号	元素記号起源
金	固有日本語	Au	ラテン語，aurum
銀	固有日本語	Ag	ラテン語，argentum
銅	固有日本語	Cu	ラテン語，cuprum
水素	ドイツ語訳語，Wasserstoff	H	ギリシャ語，hydro
酸素	ドイツ語訳語，Sauerstoff	O	ギリシャ語，oxy
窒素	ドイツ語訳語，Stickstoff	N	ギリシャ語，nitron
炭素	ドイツ語訳語，Kohlenstoff	C	ラテン語，carbo
ナトリウム	ドイツ語，Natrium	Na	ラテン語，natrium
カリウム	ドイツ語，Kalium	K	ラテン語，kalium
ゲルマニウム	英語，germanium	Ge	国名，Germany
フランシウム	英語，francium	Fr	国名，France
ポロニウム	英語，polonium	Po	国名，Poland
ニホニウム	日本語，Nihon	Nh	国名，日本
キュリウム	英語，curium	Cm	人名，Curie
ノーベリウム	英語，nobelium	No	人名，Nobel
レニウム	英語，rhenium	Re	地名，Rhein
カリホルニウム	英語，californium	Cf	地名，California
ラジウム	英語，radium	Ra	放射性，ラテン語，radius
セシウム	英語，cesium	Cs	色，ラテン語，caesius
ウラン	英語，uranium	U	天体，英語，Uranus

[1] ニッポニウム（nipponium）

小川正孝が43番元素として発見し1908年に報告した．Npの元素記号が与えられ，一時周期表にも記載されたが，テクネチウムTcが1937年に発見されると，誤認とされ周期表から削除された．しかし，実験結果を再検討すると，ニッポニウムNpは，同族の75番元素レニウムであったことが明らかである．レニウムはノダックらが1925年に発見した最後の天然元素であるので，小川は新元素発見と日本にちなむ元素名を逸したことになる．

[2] 113番元素

理化学研究所の発見が優先され，IUPACにおいて2016年11月30日に元素名がニホニウム（Nh）と決定された．日本で発見された初めての元素である．

IUPAC International Union of Pure and Applied Chemistry

各国固有の名称が古くから存在するので，それぞれの国での正式名称も並存する．日本語名は日本化学会命名法専門委員会が IUPAC 正式名に準拠して定めたものである．日本語名のうち，金，銀，鉄，鉛，硫黄など約 10 個の元素名が固有の日本語起源である．また，かつてドイツの化学が日本の化学に大きな影響を持っていたことを反映して，ナトリウム，カリウムなどはドイツ語名が，また水素，酸素，窒素，炭素などはドイツ語名からの訳語が現在でも継続使用されている．化学では英語が世界共通言語になっているので，英語起源でない元素名使用の際は注意しなければならない．

1・3 元素の周期表

元素を水素から原子番号順に並べ，類似した性質を有する元素の組が縦に並ぶようにすると，**元素の周期表**ができる．元素の性質の周期性が認識され始めた 19 世紀後半以来，多くの周期表が考案され，その種類は 600 以上になると言われている．その中で現在最も広く使用されている周期表は，メンデレーエフが 1869 年に最初に発表したものが基になっている．メンデレーエフは元素を**原子量**の順に並べたが，**同族元素**の性質の類似性を優先すると，Ar (39.95) と K (39.10)，Co (58.93) と Ni (58.69)，Te (127.6) と I (126.9) で原子量の小さい元素が後にくる．1913 年にイギリスのモーズリーが原子番号と元素に固有の波長を有する特性 X 線の関係 (**モーズリー則**，式 1-1) を見出し，元素を原子量ではなく**原子番号**の順に並べる方が正しい周期表を与えることを明らかにした．

$$\frac{c_0}{\lambda_{K\alpha}} = \nu = \frac{3\,c_0 R_\infty}{4} \times (Z-1)^2 = (2.470 \times 10^{15}\,\mathrm{s}^{-1}) \times (Z-1)^2 \tag{1-1}$$

ここで，c_0 は光速度，$\lambda_{K\alpha}$ は元素の特性 X 線波長[*3]，ν は振動数，R_∞ はリュードベリ定数 (5・1 節参照)，Z は原子番号である．

モーズリー則が正しいことが明らかになって以後，周期表において元素は原子番号の順に並べられている．IUPAC 勧告の周期表 (**表 1・2**) は，高校や大学の教科書に載っている長周期型周期表である．1・1 節でアルファベットと元素の類似性について言及したが，両者の大きな相違点は，アルファベットの各文字は母音字と子音字の 2 種類にしか分類できないが，元素は種々の観点からの分類が可能であることである．長周期型周期表において，元素は 1 族から 18 族に分類され，原子番号順に並んだ元素は 18 族で折り返す．縦の列が族であり，横の行が周期である．

メンデレーエフ　D. Mendeleev

原子量　atomic weight

モーズリー　H. Moseley

原子番号　atomic number

[*3] 特性 X 線
原子の内殻から電離により電子が飛び出した結果生ずる空孔に外部軌道の電子が遷移する際，軌道のエネルギー差に相当する電磁波が X 線として放出される．これを特性 X 線あるいは固有 X 線と呼び，波長は各元素に固有のものである．

表 1・2　IUPAC 元素周期表

	1	2	3	4	5	6	7	8	9	10	11	12	13	14	15	16	17	18
1	1 H																	2 He
2	3 Li	4 Be											5 B	6 C	7 N	8 O	9 F	10 Ne
3	11 Na	12 Mg											13 Al	14 Si	15 P	16 S	17 Cl	18 Ar
4	19 K	20 Ca	21 Sc	22 Ti	23 V	24 Cr	25 Mn	26 Fe	27 Co	28 Ni	29 Cu	30 Zn	31 Ga	32 Ge	33 As	34 Se	35 Br	36 Kr
5	37 Rb	38 Sr	39 Y	40 Zr	41 Nb	42 Mo	43 Tc	44 Ru	45 Rh	46 Pd	47 Ag	48 Cd	49 In	50 Sn	51 Sb	52 Te	53 I	54 Xe
6	55 Cs	56 Ba	*57–71 ランタノイド	72 Hf	73 Ta	74 W	75 Re	76 Os	77 Ir	78 Pt	79 Au	80 Hg	81 Tl	82 Pb	83 Bi	84 Po	85 At	86 Rn
7	87 Fr	88 Ra	‡89–103 アクチノイド	104 Rf	105 Db	106 Sg	107 Bh	108 Hs	109 Mt	110 Ds	111 Rg	112 Cn	113 Nh	114 Fl	115 Mc	116 Lv	117 Ts	118 Og

*57 La	58 Ce	59 Pr	60 Nd	61 Pm	62 Sm	63 Eu	64 Gd	65 Tb	66 Dy	67 Ho	68 Er	69 Tm	70 Yb	71 Lu
‡89 Ac	90 Th	91 Pa	92 U	93 Np	94 Pu	95 Am	96 Cm	97 Bk	98 Cf	99 Es	100 Fm	101 Md	102 No	103 Lr

　元素の性質の周期性は，原子の**電子配置**に起因することが明らかになっている．3・3 節に詳述するように，原子を構成する電子は s 電子，p 電子，d 電子，f 電子に分類される．元素には s-ブロック元素，p-ブロック元素，d-ブロック元素，f-ブロック元素があり，図 1・1 に示すように，それぞれの元素群が周期表において所定の位置を占める．

電子配置
electron configuration

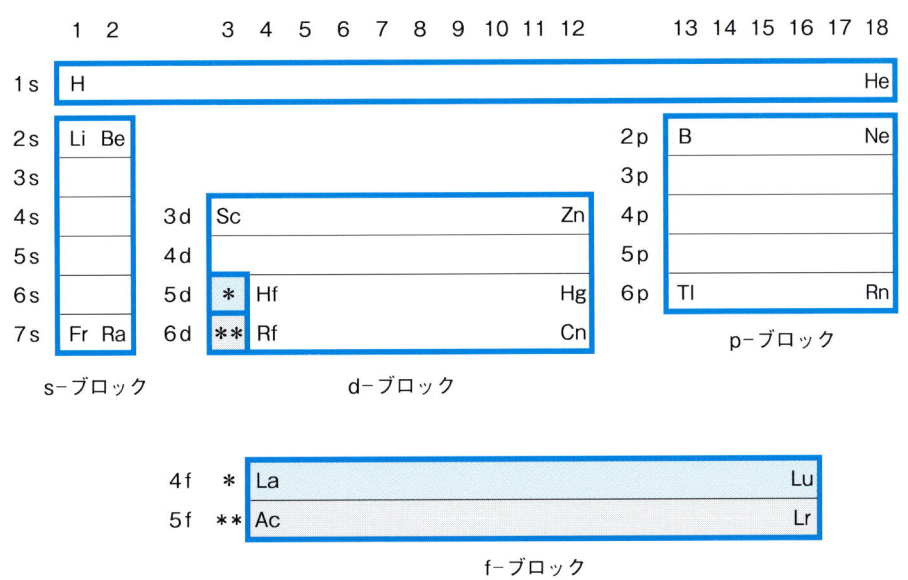

図 1・1　元素のブロック分類

水素，ヘリウム，1族，2族の元素を **s-ブロック元素**，13族から18族の元素を **p-ブロック元素**，3族から12族の元素を **d-ブロック元素**，**ランタノイド**および**アクチノイド**元素を **f-ブロック元素** に分類する。1族から18族に分類する長周期型周期表で，f-ブロック元素が3族の位置に押し込められているのは，価電子数や性質が3族元素に類似しているからである。f-ブロック元素を原子番号順に3族から17族元素とし，現行長周期型周期表の4～18族を18～32族として，全部で32族の周期表にすることも可能である。しかし，こうすると周期表が横に長いものになり，また4族から17族にかけて，f-ブロック元素以外は空白部分になるので，実用上好ましくない。

s-ブロック，p-ブロックと12族元素を **主要族元素**，12族以外のd-ブロック元素およびf-ブロック元素を **遷移元素** と呼ぶ。12族元素を遷移元素に分類する場合もあるが，亜鉛族元素の化学的性質は2族元素に類似し，d電子が関与することはほとんどないので，主要族元素に入れる方がふさわしい*4。以前は，主要族元素は **典型元素** と呼ばれていたが，IUPAC勧告により主要族元素が正式名となった。現在でも典型元素という名称が一般的に使用されているので，この方が好ましいという意見も多い。

ここで，水素をどの族に所属させるべきかについて考えたい。水素は，s電子1個を持つので1族に所属するとも言えるし，18族の **貴ガス**（希ガス）*5 ヘリウムより1電子少ないので17族に所属するとも言える。実際，1電子を除去すれば H^+ になるし，1電子を付加すれば H^- になる。しかし，化学的性質はアルカリ金属ともハロゲンとも顕著に異なる。したがって，1族にも17族にも所属し難いので，主要族元素の一員とはしないという見解もある。当然遷移元素の一員でもないので，独立した元素である。IUPAC周期表では，電子配置を優先して1族の位置に収められている。

元素には，**金属元素** と **非金属元素** がある。非金属元素は（H, He, C～Ne, P～Ar, Se～Kr, I, Xe, At, Rn）である。全部で18個であり，残りは金属元素と半金属元素である。周期表は，化合物の反応性や物性を整理し，予測するのに非常に便利であり，新化合物合成や新反応開発にあたって，化学者が常に参照する基本的な表である。

1·4 金属元素

金属は金属光沢を呈し，電気と熱の伝導性が高く，固体状態では展性，延性に富む物質である。金属の電気伝導性は温度の上昇とともに減少する。金属という言葉は単体の他に，金属原子やイオンを意味するこ

主要族元素　main group element
遷移元素　transition element

*4　12族元素
12族元素 Zn, Cd, Hg は，IUPAC勧告によるとd-ブロック元素および遷移元素であるが，日本の大半の教科書では主要族（典型）元素に含める。米国系の教科書では主要族元素に，欧州系の教科書では遷移元素に分類される傾向がある。12族元素のd殻は完全に満たされる（d^{10}電子配置）ため遷移元素の定義からはずれ，化合物の性質はアルカリ土類元素のものに類似しているので，主要族元素に分類する方が妥当であろう。

典型元素　typical element
貴ガス　noble gas

*5　貴ガス
18族元素 He, Ne, Ar, Kr, Xe, Rn の日本語名は希ガス（rare gas）が使われてきたが，IUPAC勧告の命名法あるいは英語名では貴ガス（noble gas）という。

とがある。したがって金属元素は，「単体が金属であり，化合物をつくるときに陽イオンになりやすい元素」と定義されている。アルカリ金属 (Li, Na, K, Rb, Cs, Fr)，アルカリ土類金属 (Be, Mg, Ca, Sr, Ba, Ra)[*6]，12 族金属 (Zn, Cd, Hg)，13 族金属 (Al, Ga, In, Tl)，14 族金属 (Sn, Pb) および Bi, Po が**主要族金属**である。3 族から 11 族の 27 個の金属 (Sc〜Cu；Y〜Ag；Lu〜Au) は**主遷移金属**と呼ばれる。ランタノイド金属 (La〜Yb)，アクチノイド金属 (Ac〜No) は**内遷移金属**という。数え上げると元素の 70 % 以上は金属元素である。単体が金属光沢を呈するが金属的伝導性を持たない元素として B, Si, Ge, As, Sb, Te があり，これらは**半金属**と呼ばれる。

*6 アルカリ土類金属
周期表 2 族のうち，Ca, Sr, Ba, Ra の 4 元素を指すが，Be, Mg も 2 族に属し，性質も似た面が多いので，これらの 2 元素も含める場合がある。

主要族金属　main group metal
主遷移金属　main transition metal
内遷移金属　inner transition metal

半金属　metalloid

1・5　非金属元素

水素を除き，**非金属元素**は全て主要族元素である。O_2, N_2, CO_2, H_2O などの**小分子**は，地球上における最重要分子である。大量の水は地球にしか存在が確認されていない化合物であり，生命活動に不可欠であることは言うまでもない。O_2 は生物の呼吸に，N_2 はタンパク質の合成に至

非金属元素　non-metallic element
小分子　small molecule

水（H_2O）

地球は水の惑星と呼ばれるように，奇跡的に液体の水を大量に保持している。太陽系内の他の惑星や太陽系外の星にも液体の水が大量に存在している確実な証拠は乏しい。古代インド，中国，ギリシャなどの哲学では水は万物の基とみなされ，空気，土，火とともに元素とされた。水が酸素と水素から成る化合物であることが明らかになったのは実に 18 世紀末のことであり，組成が確立したのは 19 世紀になってからである。水は 1 気圧での融点が 0 ℃，沸点が 100 ℃，また 4 ℃のときの 1 mL の質量が 1 g，1 g の水を 1 ℃上昇させる熱量が 1 cal というように，水の物性が基本的単位の基となった（現在ではこれらの単位の決め方は異なる）。地球の水の 97 % は海水で，淡水はわずか 3 % 以下である。人体の約 60 % を占める水のうち 45 % は細胞内に含まれ，15 % は血液やリンパ液である。世界で消費される水の 70 % が農業用水であり，人間の食料生産に不可欠であることは言うまでもなく，工業でも莫大な水を必要とするので，世界では水不足が深刻化しつつある。炊事，トイレ，洗濯，風呂などの生活用水どころか，数十年後には何十億の人口が飲み水にも事欠く事態になることが予測されている。日本は例外的に水に恵まれた国と思われているが，実際は 1 人あたりに使用できる降水量はそれほど多くない。"湯水のごとく"浪費することは避けるべきである。

光合成に伴う水の酸化反応によって酸素ガスが発生し，また二酸化炭素と水の反応により炭水化物が生成することから，水は単なる溶媒ではなく，反応基質として生物の生存に重大な役割を果たしている。その他の水の用途についてはいくらでも思いつくであろう。たとえば，水力発電は水の位置エネルギーを直接利用するもので分かり易いが，化石燃料を燃やす火力発電，原子力発電，地熱発電においても，結局は水から加熱生成させた水蒸気でタービンを回して発電しているので，ガスタービン発電，風力発電，太陽電池などを除けば，電力の大部分は水の力に頼っているのである。

る窒素固定反応に，CO_2 と H_2O は光合成による炭水化物の生成と酸素ガスの発生に関与している。また炭素，水素，酸素，窒素が有機化合物の主成分であることは，これらの元素が既知の化合物の大多数を構成しているということを示している。無機化合物においては，非金属元素は金属陽イオンと結合する陰イオン性成分になることが多い。とりわけ，金属酸化物，金属硫化物，金属ハロゲン化物などの化合物は自然界にもあまねく存在し，工業原料や建造物の材料などに広く使用される。森林や農業の土台となる土壌の主成分も，ケイ素やアルミニウムなどの酸化物である。近年，**金属錯体化学**や**有機金属化学**が進展して，遷移金属化合物の化学に注目が集まっているが，生命の基になっている非金属元素は依然として極めて重要である。

金属錯体化学
metal complex chemistry
有機金属化学
organometallic chemistry

1・6　周期表における元素の性質の傾向

　元素の性質は電子構造（第3章）に依存するので，電子構造について学んだ後に初めて十分な理解に到達する。ここでは，周期表における同一族内と同一周期内の元素の性質の傾向について概観する。元素の性質には大きく分けて，物理的性質と化学的性質がある。物理的性質のうち，たとえばアルカリ金属単体の融点を見ると，周期が大きくなるほど低くなっている（**表1・3**）。2族，13族などでも同様な傾向が見られるが例外もある。化学的性質のうち，たとえば原子半径は周期表の下に行くほど大きくなり，右に行くほど小さくなる（**図1・2**）。また電子を引き付ける能力の尺度である電気陰性度の順序は同族で，下に行くほど小さく，同周期上で右に行くほど大きくなる（**図1・3**）。

表1・3　アルカリ金属単体の融点

	Li	Na	K	Rb	Cs
融点/°C	181	98	64	39	29

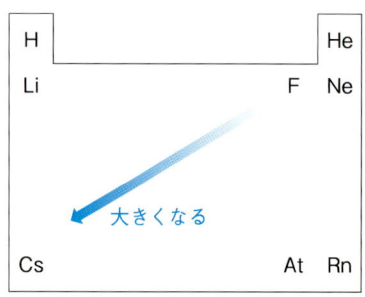

図1・2　原子半径の傾向

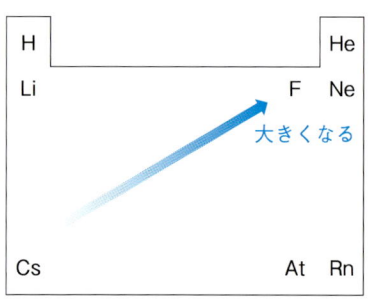

図1・3　電気陰性度の傾向

演 習 問 題

1・1 元素と原子の違いは何か。

1・2 次の物質を単体と化合物に分類せよ。
ダイヤモンド，水晶，食塩，水，硫酸，水銀，液体臭素，ヘリウムガス，炭酸ガス，メタンガス

1・3 元素記号が元素の英語名起源でない元素を挙げよ。

1・4 モーズリー則を用い，アルゴンとカリウムの原子番号を求めよ。
ただし，アルゴンでは $\lambda_{K\alpha} = 4.192\ \text{Å}$，カリウムでは $\lambda_{K\alpha} = 3.741\ \text{Å}$，光速度は $c_0 = 3.000 \times 10^8\ \text{m s}^{-1}$ とする。

1・5 12族元素を遷移元素に含める場合があるが，その根拠は何か。

1・6 ランタノイド，アクチノイド元素を3族の位置に押し込めない，超長周期型周期表を作成せよ。

1・7 水素，12族金属，ランタノイド金属の性質を考慮した周期表を工夫してみよ。

1・8 半金属の電気伝導性について述べよ。

第2章 物 質 量

　原子や分子は非常に小さいので，アボガドロ定数（1モル）と呼ばれる大きな数 6.022×10^{23} mol^{-1} を，定量的化学における計量単位として用いる．同温，同圧で，同数の分子を含む気体は等体積を占め，どの分子でも1モル集まると 0 ℃ (273.15 K)，1 bar (10^5 Pa) で 22.71 dm^3 の体積になる．これをアボガドロの法則と呼び，気体の性質の研究の基礎となる．溶液を調製する際に，溶液濃度の表し方の一つとしてモル濃度 M (mol dm^{-3}) が分析化学などで広く使用されている．この章では，物質量の正確な取扱いを学ぶ．

・・・・・

2・1　原子の大きさ

　一般に物質と呼ばれるものは，単体や化合物の純粋なもの，あるいは混合物などの集合体を意味する．現在では全ての物質は原子から成るということは常識であるが，目にみえる巨視的物質に比べて，原子がどの程度の大きさであり，どのくらいの原子が集まると物質として認識できるのかを定量的に知っている人は必ずしも多くない．また原子は原子の大きさよりずっと小さい素粒子から成る構造を持っており，物質の最小単位ではない．原子は主に陽子と中性子から構成される原子核の周りを電子雲が覆っている構造であり，原子核から遠ざかるほど電子の密度は次第に薄くなるものの，無限に広がる電子雲には境界はない．したがって単一の原子の大きさを定めることは難しいが，単体において結合している隣の原子との原子核間距離の半分を原子の半径と考えることができる．これを**原子半径**というので，原子の直径は原子核間距離として定義できる．この距離は非常に小さいので pm (10^{-12} m) 単位あるいは Å (100 pm) 単位*1 で表される．1 cm の大きさの球は肉眼で容易に見えるので，原子を顕微鏡で見えるようにしたいと思えば，10^{-2} m/10^{-10} m = 10^8 倍の倍率の顕微鏡を必要とするが，原子像を観察できる特殊な顕微鏡 (STM)*2 も開発されている．

　原子の大きさをゴルフボールの大きさと比べてみる．炭素原子の直径はほぼ 150 pm (1.50×10^{-10} m) であり，ゴルフボールの直径はほぼ 4 cm (4.00×10^{-2} m) であるので，ゴルフボールは炭素原子に比べ 4.00×10^{-2} m/(1.50×10^{-10} m) = 2.67×10^8 倍の直径を持つ．一方ゴルフボールと地球（直径 1.27×10^4 km）を比べると，地球はゴルフボールに比べ 1.27×10^7 m/4.00×10^{-2} m = 3.18×10^8 倍の直径を持つ．し

原子半径　atomic radius
*1　オングストローム
　分光学などで用いられる長さの単位で現在の定義では 100 pm に等しい．スウェーデンの物理学者の名にちなむ．

*2　STM (scanning tunneling microscope)
　走査型トンネル顕微鏡の略称である．鋭い金属探針を試料表面から 1 nm 程度の近接位置に置き，探針と試料間に流れるトンネル電流を測定して表面の構造や電子状態を観察する．原子サイズレベルの分解能が得られるので，原子配列などを直接知ることができる．

たがって，原子とゴルフボールの直径の比率は，ゴルフボールと地球の直径の比率に匹敵することになる．体積は長さの3乗に比例するので，体積の比較では10^{25}倍程度の比率になる．

2・2 モルとアボガドロ定数

原子，イオンや分子は非常に小さいものであるので，これらの集合体を物質として識別するためには膨大な数が集合しなければならない．化学においては，原子レベルの微視的粒子と人間レベルの巨視的物質をつなぐ物質量が極めて重要である．この単位をモル (mol) と呼び，7個のSI基本単位 (m, kg, s, A, K, mol, cd) の一つである (0・2節参照)．従来，1モルは質量数12の炭素同位体（同位体については3・4節参照）^{12}C の，きっかり 0.012 kg (12 g) に含まれる原子数と定義され，種々の実験法で算出してきた．質量分析器を用いると，^{12}C 1個の質量は 1.9926×10^{-26} kg であることが分かるので，その数は $0.012 \text{ kg}/(1.9926 \times 10^{-26} \text{ kg}) = 6.022 \times 10^{23}$ である．この数を**アボガドロ数**（単位なし）あるいは**アボガドロ定数**（mol^{-1}単位）N_A と呼ぶ (0・4節)．この数がいかに大きいかは，銀河系内の恒星の数の推定値が 2×10^{11} 個，宇宙全体では 1×10^{24} 個程度であることからも分かる．1モルの原子，イオン，分子は常に 6.022×10^{23} 個の粒子の集合である．n モルの粒子の数は $N_A \times n$ になる．

アボガドロ定数は種々の方法で算出できる．1モルの固体化合物の密度 ρ は質量 M を体積 V で割ったものであるので，$\rho = M/V$ である．体積 V は1個の粒子（原子，イオン，分子）の体積 v にアボガドロ定数 N_A を掛けたものになる．したがって，$\rho = M/(v \times N_A)$ になるので，$N_A = M/(\rho \times v)$ から求められる．現在，最高精度の値はケイ素単結晶の密度を測定し，X線構造解析から計算した体積を使用して求めたものである．結晶の大きさ，密度の測定には当然実験誤差があるので，アボガドロ定数の値にも実験誤差がある．小数点以下の数値は実験の精度に依存する．しかしながら，かなり精度の低い実験からも $6 \times 10^{23} \text{ mol}^{-1}$ 程度の値は求まるはずであり，アボガドロ定数の大きさを認識するには十分である．アボガドロ定数は2019年5月20日より定義値 $N_A = 6.022141 \times 10^{23} \text{ mol}^{-1}$ になった (0・4節参照)．

数をひとまとめに表現する単位としてダース (12個)，グロス (12ダース) などがあるが，原子や分子の膨大な数をまとめて示す数がアボガドロ数であり，モルあたりの数という意味を明示するのがアボガドロ定数である．

アボガドロ数
Avogadro's number
アボガドロ定数
Avogadro constant

ダース dozen
グロス gross

2・3 原子量

質量数 12 の炭素同位体 ^{12}C に対する値をきっかり 12 と定め，原子の相対的質量を表す数が**相対原子質量**であり，通常**原子量**と呼ばれている。これは単位がない無名数である。同数の異なる原子の質量の比は，それらの原子 1 個の質量の比に等しいことも自明である。アボガドロ数個の原子の質量は，相対原子質量にグラムをつけた値に等しくなる。分子の相対的質量である**分子量**は，分子を構成する原子の相対原子質量の和である。原子量や分子量が分かれば，ほとんどの化学反応を定量的に扱えるので，非常に便利な概念であることが明らかであろう。原子量の基準を巡っては，ドルトンが原子説を提唱し，初めて原子量の概念と水素原子の原子量を 1 とする原子量表を発表（1803 年）して以来，変遷と混乱を経た後，現在の原子量の定義に落ち着いた（1961 年）。^{12}C の相対原子質量を厳密に 12 と定めるので，自然界では同位体 ^{12}C, ^{13}C 混合物である炭素の 5 桁の原子量は 12.011 である[*3]。この値は同位体の存在比 ^{12}C (98.9 %)，^{13}C (1.1 %) から，以下のように算出される。ここで ^{13}C の相対原子質量は ^{12}C の相対原子質量を基準としている。

$$12.000 \times 0.989 + 13.003 \times 0.011 = 12.011$$

通常自然の炭素同位体混合物が化学反応に使用されるので，この値を炭素の原子量と呼ぶ。自然界において同位体混合物であるその他の原子についても同様に，同位体混合物の相対原子質量を原子量と呼ぶ。たとえば ^{35}Cl (75.8 %) と ^{37}Cl (24.2 %) の混合物である自然塩素の原子量は

$$34.968 \times 0.758 + 36.966 \times 0.242 = 35.451$$

となる。一般に自然元素の同位体比率はほぼ一定であるが，同位体比率が元素の存在場所によって相当異なるものについては，原子量の有効数字桁数が小さくなる。原子量の精度が低い元素はリチウム，亜鉛，セレン，モリブデンなどである。

2・4 粒子数とモル数の関係

原子，イオン，分子，電子などの粒子の数とモル数間の関係を取り持つのはアボガドロ定数である。原子，イオン，分子，電子のモル質量はそれらの粒子の 1 モルあたりの質量であるので，1 個の粒子の質量 m にアボガドロ定数を掛けた値になる。たとえば原子の場合は，$M = m_{atom} \times N_A$ であり相対モル質量に質量の単位をつけた値に等しく，原子イオンの場合も電子の質量は無視できるので同じ値になる。したがって，質量 W の原子あるいは原子イオンのモル数 n は $n = W/M = W/(m_{atom} \times N_A)$ である。また，分子のモル数は分子の質量を分子量で割った値となる。

質量数　mass number
相対原子質量　relative atomic mass
原子量　atomic weight

分子量　molecular weight

ドルトン　J. Dalton

[*3] 炭素同位体
^{12}C, ^{13}C の他に ^{14}C もある（p. 18 の囲み記事 炭素 (C) 参照）。^{14}C は半減期 5730 年の放射性同位体であり，大気上層で生成し，地球上の炭素，無機および有機化合物中に一定濃度で存在する。化石などの年代測定に利用され，また ^{14}C 標識化合物は化学反応の追跡に用いられる。^{12}C, ^{13}C に比較して存在量が極めて低濃度であるので，炭素原子量の数値にはほとんど影響しない。

2・5　アボガドロの法則

同温，同圧下の気体の体積は気体分子のモル数に比例し，これを**アボガドロの法則**という。すなわち，気体の体積をモル数 n で割ったモル体積 V_m は気体の種類によらずほぼ一定値をとる。

$$V_\mathrm{m} = V/n$$

この法則は，気体の反応において複数の原子から成る分子の存在を前提としたアボガドロの仮説から生まれたものである。たとえば，水素と酸素が完全に反応して水蒸気が生成する場合に，水素：酸素：水蒸気の体積比が 2：1：2 になることは，水素原子 H と酸素原子 O が反応して水 HO が生成すると考えたのでは説明できなかったが，水素分子 H_2，酸素分子 O_2，水分子 H_2O の存在を仮定すれば説明できる。つまり

$$H + O \longrightarrow HO$$

ではなくて

$$2\,H_2 + O_2 \longrightarrow 2\,H_2O$$

として，モル体積が一定であれば水素ガス，酸素ガス，水蒸気の体積比が 2：1：2 になる（**図 2・1**）。

一定温度における容器内の気体の体積は圧力に反比例することを明らかにしたのが**ボイルの法則**であり，気体の圧力は温度に比例することを示したのが**シャルルの法則**（あるいはゲイ・リュサックの法則）である。これらの法則は種々の気体についてほぼ成立するが，完全に法則に従う気体を**理想気体**と考える。そのとき，**理想気体の法則**（式 **2-1**）が導かれる。

理想気体　ideal gas

$$pV = nRT \qquad (\mathbf{2\text{-}1})$$

ここで R は**気体定数**と呼ばれる定数であり，圧力 1 bar（10^5 Pa），温度 273.15 K のとき，1 mol の気体が 22.71 dm^3 の体積を占めることから導かれる。すなわち，

気体定数　gas constant

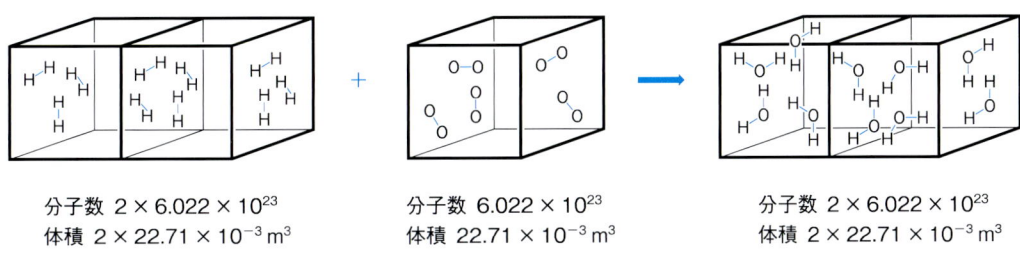

分子数　$2 \times 6.022 \times 10^{23}$
体積　$2 \times 22.71 \times 10^{-3}$ m^3

分子数　6.022×10^{23}
体積　22.71×10^{-3} m^3

分子数　$2 \times 6.022 \times 10^{23}$
体積　$2 \times 22.71 \times 10^{-3}$ m^3

図 2・1　アボガドロの法則

炭　素（C）

炭素は第2周期14族の元素であり，結晶性単体として黒鉛とダイヤモンドが古くから知られていた。また炭として重要な燃料であった。

有機化合物は炭素と水素が主要成分であり，何千万個もの化合物が知られていることは，炭素原子の特性に基づく。sp^3, sp^2, sp 混成の炭素の4本の共有結合が形成されるので，結合の多様性が非常に高くなり，化合物数が多くなるのである（混成軌道については7・4節，共有結合については8・5節参照）。無機炭素化合物の中では二酸化炭素が生命にとって最も重要である。二酸化炭素と水の光合成反応により，炭水化物と酸素ガスが地球に供給される。炭素の同位体は ^{12}C, ^{13}C, ^{14}C の3種類あり，^{12}C の質量が原子量の基準となっている。また ^{12}C 12 g に含まれる炭素原子の数がアボガドロ数である。

18世紀にシェーレ（C.W. Scheele）が黒鉛は鉛ではなく炭素であることを示し，ダイヤモンドが炭素であることはラボアジェ（A.L. Lavoisier）が証明したと言われる。1985年になり，サッカーボール分子と呼ばれる C$_{60}$ フラーレンが発見され，その後，カーボンナノチューブ，グラフェンが発見された（第9章の図9・9参照）。ポリアクリロニトリルから製造される炭素繊維は鉄より軽く強い材料として，航空機，ボート，自動車，スポーツ器具などの材料として使用され始め，日本の化学会社が独占的に供給している。

結晶性の黒鉛は電極や鉛筆，ダイヤモンドは宝飾用の他に最も硬度が大きい物質として研磨剤や切削剤などに使用される。黒鉛を減速材に使用する原子炉も開発された。非晶質炭素も黒色顔料，タイヤ充填材，活性炭など広い用途がある。製鉄用のコークスは石炭から製造されるが，他の化石燃料や植物からも用途に応じ様々な形態の炭素が製造される。

$$R = \frac{10^5 \text{Pa} \times 22.71 \times 10^{-3} \text{m}^3}{273.15 \text{K} \times 1 \text{mol}} = 8.314 \text{ J K}^{-1} \text{mol}^{-1}$$

この数値の導出には，Pa × m^3 = m^2 kg s^{-2} = J の関係が使われている。理想気体の法則は，非常に希薄な（圧が低い）実在の気体に対してもよい近似法則になる。モル体積 V_m は，式 (2-1) を用いると

$$V_\text{m} = V/n = nRT/np = RT/p$$

である。理想気体と個々の**実在気体**のモル体積は少しずつ異なるが，1モルの気体は 0 ℃, 1 bar で約 22 dm^3 を占める。逆に言えば，22 dm^3 の気体には1モルの気体分子が含まれていることになる。アボガドロの生きた時代には，1モルがアボガドロ数個の気体分子数であることなどは明らかにされていなかったが，定性的なモル数の概念は見出されていたのである。

2・6　溶液の濃度

溶質を**溶媒**に溶解したものが**溶液**である。通常溶質は純粋な化合物であり，溶媒は水か有機化合物である。時には，冷却液化したアンモニア，二酸化硫黄，二酸化炭素のような無機化合物を溶媒として使用することもあり，それらは**非水溶媒**と呼ばれている。また，最近イオン液体

溶質　solute
溶媒　solvent
溶液　solution
非水溶媒　non-aqueous solvent
イオン液体　ionic liquid

(低融点溶融塩) も特殊な溶媒として広く用いられている。化学分析, 合成反応など全ての化学において, 溶液が重大な役割を果たしていることは言うまでもないが, その際, 溶液の濃度の定義をはっきりさせる必要がある。

最もよく使用される**モル濃度** (molarity) M は, 溶質のモル数を溶液の体積で割ったものである。すなわち, $M = n/V \, mol \, dm^{-3}$ であり, 単位は $mol \, dm^{-3}$ となる。たとえば, 40 g (1.0 mol) の水酸化ナトリウム NaOH を水に溶解し, 溶液の体積を $1.0 \, dm^3$ としたとき, 水酸化ナトリウム水溶液のモル濃度は 1.0 M である。NaOH のように固体無機化合物中で構成単位が分子として明確に定められない場合には, 構成原子の原子量の和を**式量**[*4] といい, これにグラムをつけたものを, この化合物の 1 mol の質量とする。この溶液 $0.01 \, dm^3$ をピペットで採取し, メスフラスコを使用して $0.1 \, dm^3$ に希釈すれば, 溶液濃度は 0.1 M になる。

質量モル濃度 (molality；モル濃度の英語綴りの r が l に変わっていることに注意) は溶質のモル数を溶媒の質量で割った量であり, 単位は $mol \, kg^{-1}$ である。希薄水溶液の場合は溶液 $1 \, dm^3$ 中の水の質量はほぼ 1 kg であるので, 数値的にはモル濃度とほとんど同じである。活量を質量モル濃度で置き換える近似は全イオン濃度が $10^{-3} \, mol \, kg^{-1}$ 以下に限って有効である (11・3 節側注 2 参照)。

容量分析などで, **規定度**を使用するときがある。化学反応をする化合物の相当量を**化学当量**と言い, 溶液 $1 \, dm^3$ 中の溶質 1 モルが n モル相当の反応をする溶液の濃度を n 規定 (n N) と定めている。**中和滴定**や**酸化還元滴定**の終点などを求めるのに便利である。酸や塩基には, **二塩基酸** (H_2SO_4 など) や**二酸塩基** ($H_2NCH_2CH_2NH_2$ など) があり, その場合は 1 M 溶液が 2 N 溶液である。また, 過マンガン酸滴定では, 過マンガン酸カリウムが 5 電子酸化剤として働くので 1 M 溶液が 5 N 溶液である[*5]。

2・7 元素分析, 実験式と分子式

化合物の元素組成を定めるには**元素分析**が必要である。元素分析は, 化合物を燃焼して生成物 (H_2O や CO_2) を定量する方法や, 質量分析法が主な手段である。元素分析の結果, 元素の質量% が得られ, それから構成元素の比率である**実験式**が書ける。分子量が分かれば, 実験式から実際の元素数が明らかになり, **分子式**を導ける。

元素の質量 % = (試料中の元素の質量/試料の質量) × 100 %
各元素の質量 % を算出して, それを整数比に直したものが実験式であ

[*4] **式量** (formula weight)
分子性化合物の場合は分子量に等しく, 塩化ナトリウムのような非分子性化合物 (9・1 節) では化学組成から計算される原子量の和である。たとえば NaOH では 40.00 である。

ピペット pipette
メスフラスコ volumetric flask
規定度 normality
化学当量 chemical equivalent
中和滴定 neutralization titration
酸化還元滴定 redox titration
終点 end point
二塩基酸 dibasic acid
二酸塩基 diacidic base

[*5] **過マンガン酸カリウムの酸化当量**
過マンガン酸カリウムにおけるマンガンは Mn(VII) であり, 還元剤と反応すると Mn(II) になる。したがって, 5 電子酸化剤として機能するので, 1 M 溶液は 5 N 溶液に相当する。

元素分析 elemental analysis
質量分析法 mass spectrometry

実験式 empirical formula
分子式 molecular formula

り，通常 できるだけ小さい整数の集まりとする．実験式は化合物における各構成元素の比率は示すが，元素数を表すとは限らない．そこで，化合物の分子量を測定して，実験式から求めた式量で割って，その商を各元素数に掛けて得られる式が分子式となる．たとえば，未知化合物の元素分析の結果，C = 77.35 %；H = 4.60 %；N = 18.00 % の値が得られたとする．各数値を各元素の原子量で割ると，**元素組成**は $C_{6.45}H_{4.56}N_{1.28}$ となるが，なるべく小さい整数を用いると $C_{10}H_7N_2$ と表され，これが実験式である．この化合物の分子量を測定すると 310 となった．この実験式の式量は 155.16 であるため，分子式は各元素の数を 2 倍した $C_{20}H_{14}N_4$（ポルフィン）であることが分かる．

ある試料の予想した分子組成と元素分析により得られた分子式が一致するかどうかの検討が，試料の同定に重要であり，既知化合物の場合は純度の目安となる．新化合物合成の報告では，元素分析の測定値と計算値を併記することが必須である．分子式から各元素の質量 % を計算するためには，各元素の質量の全体の質量に対する % を算出する．たとえば，上記のポルフィンの場合は，C = $(12.01 \times 20/310.32) \times 100$ = 77.40 %，H = $(1.008 \times 14/310.32) \times 100$ = 4.55 %，N = $(14.01 \times 4/310.32) \times 100$ = 18.06 % である．したがって，測定値と計算値の一致は非常に良好であり，この試料の分子式は正しい．

演習問題

2・1 ケイ素の単結晶の密度を $\rho = 2.32904 \times 10^3$ kg m^{-3}，ケイ素の原子量を $M = 28.08538$，ケイ素原子 1 個の体積を $v = 2.00241 \times 10^{-29}$ m^3 として，アボガドロ定数の値を求めよ．

2・2 自然界における水素の同位体の存在比と相対原子質量は ^{1}H (99.985 %，1.0078)，^{2}H (0.015 %，2.0140) である．水素の原子量を求めよ．

2・3 気体定数 $R = 8.314$ J K^{-1} mol^{-1} を L atm K^{-1} mol^{-1} 単位で表せ．

2・4 温度 296.15 K，体積 5.0 dm^3 の密閉容器に入った窒素ガス（N$_2$）の圧力が 1.7×10^5 Pa である．気体方程式が成立するとして，窒素ガスの物質量を求めよ．

2・5 塩化ナトリウム（NaCl）4.714×10^{-3} kg を水に溶解して，0.150 dm^3 の水溶液を調製した．この溶液のモル濃度を求めよ．（なお，Na，Cl の原子量は本書表紙見返しの周期表参照．以下，原子量が必要な問題については適宜見返し周期表を参照せよ．）

2・6 ナフタレン（C$_{10}$H$_8$）の 0.150 M ベンゼン溶液 0.200 dm^3 を調製するには，どのようにするか．

2・7 ショ糖（C$_{12}$H$_{22}$O$_{11}$）の 0.20 M 水溶液 0.020 dm^3 中のショ糖のモル数を求めよ．

2・8 0.050 N の過マンガン酸カリウム（KMnO$_4$）水溶液 1.00 dm^3 を調製するには，何 kg の試薬を溶解するか．

第3章 原子の構造

　元素は100種類以上あり，種々の組み合わせにより全ての物質を構成する。元素は微視的原子の集合であると仮定すると化学現象がうまく説明できるという結論に到達して，19世紀に原子論が確立した。その後，原子は最小の粒子ではなく，原子核と電子から構成され，さらに原子核は陽子と中性子を含むことが証明された。同じ原子番号の元素でも，中性子数の違いにより，複数の同位体が区別できる。同位体には安定同位体と放射性同位体があり，放射性同位体は壊変（崩壊）により，異なる原子に変換される。原子の構造については種々の説が提起されたが，原子核の周りにある軌道を電子が充填するモデルが正しいことが明らかになった。

3・1　原子論

　物質がこれ以上分割できない究極の粒子である原子から成るという考えはギリシャ時代からあり，これが原子論の始まりであると言われている。しかし，原子として，空気，水，土，火の4個が挙げられたことから分かるように，現代の原子論から見ると全く見当はずれの考えであった。現在の**原子論**はドルトンが1807年に公表した提案に基づいている。この時代には既に，元素の概念はほぼ確立しており，元素の定量的反応から生成する化合物の元素組成が元素分析法により明らかにされていた。ドルトンは，元素単体から生成する種々の化合物における元素の相対的質量を測定して，それぞれの元素単体が固有の質量を有する原子の集合であるとすると，うまく説明できることを思いついた。化合物生成の際に，原子どうしが結合すれば，一定組成の化合物になる。したがって，生成化合物における元素の質量比測定により，各原子の質量比を知ることができる。ドルトンの考えに従えば，原子の種類は元素の数だけあることになり，古典的原子論と大きく異なることになった。原子の大きさや質量は測定できなかったが，たとえば水素と酸素が完全に反応して水が生成するときの水素と酸素の質量比は実験的に求められた。そこでドルトンは，水素原子と酸素原子の相対質量は1対7であると結論できた（当時の不備な実験のために，現在の原子量比の1対8にはならなかった）。

　ドルトンの原子論が一般に認められてからは，原子はそれ以上分割できない極めて小さい球のようなものという概念が通用するようになった。しかし20世紀になると，原子がさらに小さい粒子から構成される

ことが発見された。

3・2　原子の構造

1897 年にトムソンは，真空中で金属電極間に高電圧をかけると飛び出す**陰極線**を研究していた。陰極線が負電荷を持つ粒子であること，電極金属の原子から出ること，金属の種類によらず同じ性質を持つことが明らかになり，**電子**と命名された。この実験により，原子は電子が構成要素の一つである構造を持つことが分かった。原子は中性であるので，電子の負電荷を中和するために正電荷を持つものが存在するはずであり，原子はプディング状の正電荷の塊の中に電子が埋め込まれているという姿が想像された。1908 年にラザフォードは，ラドンなどの原子から出る正電荷を持つ **α 粒子** を白金箔に照射すると，大部分の α 粒子は箔を通過するが，20000 分の 1 位は跳ね返されることを発見した。この結果に基づき，白金原子は正電荷を有する原子核を持つと結論した。この時点で，原子は原子核と電子から構成されることが判明し，原子は単なる球ではないことが明らかになった。α 粒子が跳ね返される確率からすると，原子の大きさに比べ**原子核**は極めて小さく，原子の約 10 万分の 1 である。電子は原子核を包み込むように分布しており，電子雲の広がりがほぼ原子の大きさであり，原子核は電子雲の中心にある。

3・3　電子分布

電子は −1 価の電荷を持つ粒子であり，全ての原子の構成要素である。原子が単なる固体球のようなものではなく，原子番号と同数の電子と原子核から成ることが明らかにされたが，電子が原子中で何処にあるのか，また静止しているのか，動いているのかも不明であった。ペランや長岡半太郎は，太陽とその惑星あるいは土星とその衛星に類似した天体モデルを考え，電子は原子核の周りの軌道を周回しているとした（図 3・1）。

トムソンは，広がった正電荷の中に電子が配置するプラム・プディングモデル（日本ではブドウパンモデルと呼ばれることがある）を提案した（図 3・2）。

これに対しラザフォードは，小さな原子核の周りの軌道を電子が回転する太陽系モデルを出した（図 3・3）。

しかし，古典力学に従えば，このような電子は電磁波を放射して運動エネルギーを失い，原子核上に落ちてしまう。ボーアは，プランクの**量子仮説**を援用して，円運動する電子は定まったエネルギー準位のみを取り得るという振動数条件（4・4 節）を提唱することにより，この問題の

トムソン　J. J. Thomson

電子　electron

ラザフォード　E. Rutherford

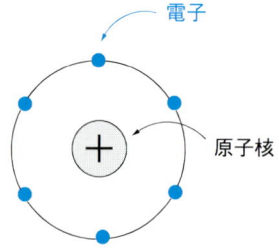

図 3・1　ペラン，長岡の原子モデル

ペラン　J. B. Perrin

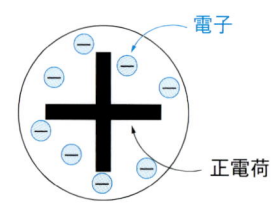

図 3・2　トムソンのプラム・プディング原子モデル

ボーア　N. Bohr

解決をはかった（5・1節参照）。ボーアモデルは輝かしい成功をおさめ，電子軌道の概念を生み，電子がK, L, M, N, O, P殻に同心円状に分布するという描像が持たれるようになった（**図3・4**）。

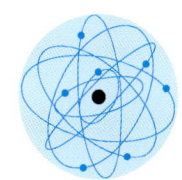

図3・3 ラザフォードの原子モデル

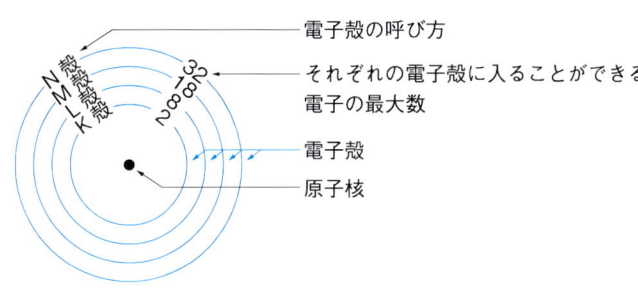

図3・4 ボーアの原子モデル

しかしながら，現在は電子が**電子雲**のような形で原子核の周りに確率的に分布しているモデル（**図3・5**）が適当であると考えられている（第5章を参照）。

電子分布の形は軌道の種類（s, p, d, f 軌道）によって決まり，エネルギー準位は周期表の周期が大きくなるほど高くなる。実際は個々の電子分布を実験的に決め難いので，量子化学を学ぶまでは，異なるエネルギー準位の電子を円軌道モデル（図3・4）で整理しても差し支えなかろう。

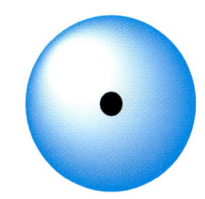

図3・5 最近の原子モデル

3・4 同 位 体

原子は原子核と電子から構成される。原子核には電子の負電荷と同じ大きさの正電荷を持つ**陽子**が含まれるが，その数は電子数と同数であり，原子は中性になる。電子数あるいは陽子数は原子番号と同一である。20世紀初頭にアストンが質量分析法を開発して，同じ原子番号の元素に質量の異なる**同位体**があることを見出した。同位体の原子核は，陽子以外に陽子とほぼ同一の質量を持つ中性の粒子を含み，その数の違いで同位体の種類が違ってくると考えられた。チャドウィックが**中性子**と呼ばれる中性粒子を1932年に発見した。

原子核の外では中性子は不安定であり，崩壊して陽子 p と電子 e⁻ になる。

$$n \longrightarrow p + e^-$$

原子を構成する粒子の性質を**表3・1**に挙げる。陽子と中性子の数の和を**質量数**という。同じ原子番号の同位体は同数の電子および陽子を持っており，中性子数だけ質量数が異なる。元素記号には，原子番号が左下に，質量数が左上に付けられている。たとえば，水素は1個の陽子と

陽子　proton

アストン　F. Aston

同位体　isotope

チャドウィック　J. Chadwick
中性子　neutron

電子　electron

表 3・1　原子を構成する粒子の性質

粒子	記号	電荷/e^*	質量/kg
電子	e^-	-1	9.109×10^{-31}
陽子	p	$+1$	1.673×10^{-27}
中性子	n	0	1.675×10^{-27}

* $e = 1.602 \times 10^{-19}$ C（C＝クーロン）

1個の電子から成り，原子番号は1で質量数は1である．これを元素記号で，$^1_1$H と表す．またヘリウムは2個の陽子と2個の中性子から成る原子核と2個の電子から構成され，原子番号は2で質量数は4である．これを元素記号で $^4_2$He と表す．水素には原子核に陽子のみ含まれる軽水素以外に，中性子が1個含まれる**重水素** $^2_1$H と中性子が2個含まれる**三重水素** $^3_1$H がある．重水素は D (deuterium)，三重水素は T (tritium) とも書く．天然の塩素には質量数が35の $^{35}_{17}$Cl が約75％，37の $^{37}_{17}$Cl が約25％含まれている．原子番号は17であるので電子数と陽子数は17個であり，中性子数がそれぞれ18と20個である．同位体は同数の電子を持っているので，化学的性質はほぼ同一である．しかしながら，水素の同位体，$^1_1$H，$^2_1$H，$^3_1$H は質量数が2倍，3倍になるので，これらの同位体を含む単体や化合物の融点や沸点などの物理的性質と反応性などの化学的性質は相当異なる．単体と酸化物について**表 3・2**に示す．

表 3・2　水素同位体の単体と酸化物の性質

単体と酸化物	融点/℃	沸点/℃	密度/g cm^{-3} (25 ℃)
H_2	-259.20	-252.77	
D_2	-254.43	-249.49	
T_2	-252.54	-248.12	
H_2O	0.00	100.00	0.9977
D_2O	3.81	101.42	1.0044
T_2O	4.48	101.51	1.2138

3・5　放射壊変

同位体には**安定同位体**と**放射性同位体**がある．放射性同位体には天然のものと人工的に作り出されるものがあり，放射線を放射して異なる元素に**壊変**する．放射性同位体は原子力，トレーサーや放射線治療などに使用されている．放射線の種類としては，ヘリウム原子核（**α 壊変**），電子（**β 壊変**），γ 線（**γ 壊変**）がある．β 壊変には電子が飛び出す $β^-$

壊変と，**陽電子** e^+ が飛び出す β^+ 壊変があるが，ここでは β^- 壊変についてのみ述べる。普通の化学反応は価電子が関与し原子間の結合が組み換るのであるが，この種の核反応は原子核が換る反応である。

α 壊変は，原子核から $^4_2$He 粒子が放出され，その原子核が変化する現象である。原子番号が2小さくなり，質量数は4減少する。たとえば，ウラン $^{238}_{92}$U の最初の α 壊変ではトリウムが生成する。

$$^{238}_{92}\text{U} \longrightarrow {}^{234}_{90}\text{Th} + {}^4_2\text{He}$$

ここで，原子番号が陽子の数を示し，質量数が陽子と中性子の合計数を表すので，左辺と右辺の陽子，中性子の数が保存されていることに注目してほしい。

β^- 壊変では，原子核中の中性子から電子が飛び出して陽子に変換され，陽子数が1つ増えるので原子番号が1つだけ大きくなった核種になる[*1]。壊変直後は外殻にある電子数が変わらないので，陽イオンになるが，最終的には周りから電子を獲得して，中性原子に落ち着く。たとえば，トリチウムの β^- 壊変では，陽子2個，中性子1個の原子核を持つヘリウム同位体であるヘリウム-3 $^3_2$He になる。

$$^3_1\text{H} - e^- \longrightarrow {}^3_2\text{He}^+ \longrightarrow {}^3_2\text{He}$$

原子核が高励起状態から基底状態（5・1節参照）に移る際には γ 線（電磁波）が放出される。この現象を γ 壊変という。

放射線は生物の組織に影響を与えるので，人間が放射線を浴びた場合は悪影響を考慮しなければならない。組織の損傷や遺伝子レベルの変異などの影響は極力排除すべきであるが，逆にがんの放射線治療では放射線ががん細胞を破壊する効果を利用している。

放射性核種の影響が存続する期間は，放射性核種の**半減期**で表される。放射性核種が N 個あるとき，一定時間 (dt) に崩壊する数 $(-dN)$ は核種の数，時間，**壊変定数** λ に比例する。すなわち，

$$-\frac{dN}{dt} = \lambda N$$

これを積分すると，

$$N = N_0 e^{-\lambda t} \quad (\text{e は自然対数[*2]の底})$$

半減期 T は放射能が半分になるまでの時間であり，壊変定数 λ との間に次の関係がある（14・1節参照）。

$$T = \frac{\ln 2}{\lambda} = \frac{0.69315}{\lambda} \tag{3-1}$$

この関係式は半減期の時間単位と壊変定数の単位の間に逆数関係があることを示す。半減期は核種により，非常に短いものから非常に長いものまで広範囲にわたる。半減期が短いものはすぐに消滅するが，長いもの

[*1] **β^- 壊変**

原子核の放射性壊変の一つである β^- 壊変の場合，中性子は電子と電子ニュートリノを放出して陽子に換る。陽子が1個増えるので原子番号が1だけ増加する。

ニュートリノは中性微子ともいい，電荷0で質量は非常に小さいかほとんど0と考えられている素粒子の一つである。3種類あり，その一つが電子ニュートリノである。β 壊変の際のエネルギー保存則が見かけ上成立しないことを説明するためにパウリが1931年に「ニュートリノ仮説」を出し，その後ニュートリノが実在することが実験的に確認された。

半減期　half-life

[*2] **自然対数**

$y = a^x$ のとき，$x = \log_a y$ を a を底とする y の対数という。$a = 10$ の場合を常用対数と呼び，$a = e = 2.718\cdots$ の場合を自然対数と呼ぶ。$\log_e y$ は $\ln y$ とも表し，$\ln y = 2.3026 \log_{10} y$ の関係がある。$\log_{10} y$ は通常 $\log y$ と表される。

ウラン（U）

　密度 $19.05 \times 10^3 \text{ kg m}^{-3}$，融点 1132 °C の銀白色の金属である。原子番号 (92) が最も大きい自然元素であるが，酸化ウランはガラスに黄色をつけるために 2000 年前から使用されていたという。元素としても 18 世紀に発見され，その少し以前に発見された天王星 (uranus) にちなんで命名された。しかし単体金属として単離されたのは 19 世紀になってからである。フランスのベクレル (A. H. Becquerel) がウラン鉱物が放射線を出すことに気づき，キュリー夫妻 (P. & M. Curie) が閃ウラン鉱から新元素のラジウムとポロニウムを抽出して放射壊変を明らかにした。ウランの同位体は 99.2742 % が安定同位体のウラン-238 であり，0.7204 % が放射性のウラン-235 である。ウランは**アクチノイド元素**の一つで，III 価から VI 価の化合物を形成し，VI 価の化合物が最も安定である。ハロゲンや高温の水素や窒素とも反応して水素化物や窒化物を生成する。ウランは中性子を照射すると中性子を取り込んでプルトニウムなどの新元素になり，また核分裂を起こし，莫大なエネルギーを放出する。

　発見されているウラン鉱の 70 % はオーストラリアにあり，輸出量はカナダが最大である。原子爆弾や原子炉に使用される濃縮ウランは同位体混合物を UF_6 に変換した後に，ガス拡散法，遠心分離法，電磁分離法などで分離する。兵器に使用する高い濃縮度のウランが世界に拡散することが重大な問題である。不幸にも最初のウラン爆弾が広島に投下され，原子力発電の平和利用もスリーマイルズ，チェルノブイリ，福島の重大事故で再検討され始めた。

は長時間放射線を出し続けるので，注意すべきである。たとえば，^{131}I の半減期は約 8 日であるが，^{137}Cs の半減期は約 30 年である。

演習問題

3・1 ラザフォードは白金箔に α 線を照射して，約 20000 分の 1 の確率で α 粒子が跳ね返されることを発見した。白金原子の直径を 2.60×10^{-10} m として，白金原子核の直径を計算せよ。

3・2 炭素-13 の電子数，陽子数，中性子数はそれぞれいくつか。

3・3 周期表における周期，電子殻，充填される電子数を表にせよ。

3・4 炭素-13 の相対原子質量を計算せよ（陽子，電子，中性子の質量は表3・1参照）。

3・5 水素の同位体は ^{1}H，^{2}H，^{3}H の 3 種類であり，酸素の同位体は ^{16}O，^{17}O，^{18}O の 3 種類である。質量の異なる水分子は何種類あるか。

3・6 セシウム-137 の半減期を 30.1 年とするとき，壊変定数 λ を求めよ。

3・7 ラジウム-226 が α 壊変するときの核反応式を完成せよ。

3・8 ウラン ^{235}U に中性子をあてると，^{236}U を経由して，クリプトン Kr とバリウム Ba に分裂し，2 個の中性子を放出する。以下の核反応式を完成せよ。

$$^{235}_{92}\text{U} + \text{n} \longrightarrow {}^{236}_{92}\text{U} \longrightarrow {}^{90}_{\square}\text{Kr} + {}^{\square}_{56}\text{Ba} + 2\text{n}$$

第4章　電子のエネルギー

「電子のような微視的粒子は，最小エネルギー単位である量子の整数倍のエネルギーしか持てない」という量子仮説をプランクが提案した。電子は粒子であると同時に波動性も持つ二重性を示し，電子の運動量と波長の関係がド・ブロイ式として定式化された。電磁波の吸収と放出においては，「エネルギー準位の差は，プランク定数に振動数を掛けた値の整数倍となる」というボーアの振動数条件が成り立つ。電子スペクトルから軌道のエネルギー準位についての情報が得られる。電磁波の吸収に関してランベルト・ベールの法則が成り立つので，電子スペクトルは物質の定量分析に応用される。

● ● ● ● ●

4・1　電子の質量とエネルギー

電子は第3章に述べたように，19世紀の終わりに発見され，金属電極間に高電圧をかけると飛び出す負の電荷を持つ粒子である。その質量は 9.109×10^{-31} kg，電荷は -1.602×10^{-19} C である。化学ではエネルギーを表すのに一般に**ジュール** (J) を用いるが，素粒子の分野では**電子ボルト** (eV) という単位を使う。このエネルギーは 1 V の電位差で電子を加速するときに電子が得る運動エネルギーである。ジュールとの換算は，1 eV $= 1.602 \times 10^{-19}$ J である。電荷と同じ数値であることから気がつくように，J（ジュール）= C（クーロン）× V（ボルト）の関係にある。これは非常に小さい値のように見えるが，1モルの電子のエネルギーとして計算すると，1.602×10^{-19} J $\times 6.022 \times 10^{23}$ mol^{-1} = 96.47 kJ mol^{-1} となるので，化学における普通の感覚の値になる。また，この単位は電気化学でも重要になるので，覚えておくと便利である。

4・2　振動数とエネルギー

運動する粒子は運動エネルギーを持つが，連続的な任意のエネルギー値をとれないことをプランクが明らかにした。古典力学に従えば，目で見えるような大きさの粒子（巨視的粒子）は大きなエネルギー，小さなエネルギーあるいはその中間の任意の大きさのエネルギーを持てる。つまり巨視的粒子のエネルギーは連続的なものとして取り扱える。しかし電子のような小さな粒子（微視的粒子）は，特定のとびとびの値しかとれない**離散的性質**を持つので，最小単位のエネルギー値の整数倍のエネルギーしか持たない。その最小エネルギー単位は微視的粒子の波動としての振動数 ν (s^{-1}) に**プランク定数** h (6.626×10^{-34} J s) を掛けた量で

プランク　M. Planck

巨視的粒子
macroscopic particle

プランク定数　Planck constant

ある。すなわち

$$E = h\nu \qquad (4\text{-}1)$$

であり，この振動数により決まる最小エネルギー単位をエネルギー量子という。**量子**という言葉は，単位量の整数倍の値しかとらない量について，その単位量のことである。語源はラテン語の how much に対応するものとされる。プランク定数は量子論の始まりとともに導入された基本定数であり，量子的な現象が重要であるところではいつも使用される。微視的粒子の場合は，一粒のエネルギーを**光子**ともいい，微視的粒子はこれの整数倍のエネルギーしかとれない。このことは理解しにくいが，目に見える化合物と分子の関係を考えると納得できる。たとえば，水はいかなる量でも連続的に存在できるように見えるものの，不連続量として識別できないに過ぎない。原子レベルでは最小単位は H_2O という水分子であり，水分子の質量以下の連続的質量は持てない。エネルギーも巨視的尺度では連続的に見えるが，原子や電子レベルの微視的尺度では量子の整数倍で決まる離散性を示す。このため電子のように小さい粒子の性質は古典力学では扱えず，量子力学が誕生した。

量子　quantum

光子　photon

量子力学　quantum mechanics

4・3　電子の波動性

電子は質量を持つ粒子であるが，1924 年にフランスのド・ブロイは，電子が**波動性**も有するという概念を提案した。実は電子ばかりでなく，あらゆる粒子が同時に波動であり，その波長が粒子の質量と速度によって表される。この革命的概念を**波動-粒子二重性**と称する。

$$\lambda = \frac{h}{m \times v} \qquad (4\text{-}2)$$

λ：波長，h：プランク定数，m：質量，v：速度

ド・ブロイ　L-V. de Broglie

ド・ブロイがこの概念を提案した時には仮説であったが，1927 年に米国のデヴィッソンとガーマーが，電子線の波動性を干渉効果によって証明した。結晶に電子線をあてると，結晶を構成する原子の配列が回折格子として働き，反射する電子が写真乾板上に干渉縞を示した (**図 4・1**)。これは可視光を波長程度に狭い格子を通したときに生ずる干渉縞に類似するものである。さらに縞目の大きさが**ド・ブロイ式** (4-2) から計算した電子の波長と一致していた。

デヴィッソン　C. Davisson
ガーマー　L. Germer

ド・ブロイ式は異なる速度のあらゆる質量の物体に適用できるので，たとえば $150~\text{km h}^{-1}$ の速度の野球ボールの形式的波長を計算することもできる。どの程度の波長になるか，計算してみると面白い。

波動というものは空間に分布しており，何処に存在するか決め難い。電子も波動性を持つならば，空間における存在位置は確定できない。普

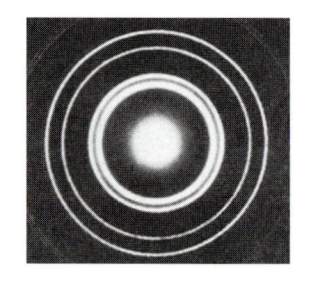

図 4・1　電子波の回折像

通の粒子であれば，速度と位置を同時に決定できるが，電子の場合は，速度が決まればその位置は確定できない。この制限をハイゼンベルグの**不確定性原理**[*1]という。その意味で，電子は原子中において確率的に分布するとされる。原子核が中心にあり，その周りの空間に電子が分布して，その外縁が原子の大きさを決めるという描像が原子の真の姿に近い。しかし，電子はでたらめに分布するわけではなく，それぞれの電子が一定のエネルギーを持った軌道を占めているのである。

ハイゼンベルグ
W. K. Heisenberg

[*1] **不確定性原理（uncertainty principle）**
粒子の位置と運動量を同時に，任意の精度で決めることが不可能であることを示す。位置の不確定さを Δq，運動量の不確定性を Δp とすると，$\Delta q \Delta p \geq \dfrac{1}{2}\hbar \left(\hbar = \dfrac{h}{2\pi}\right)$ と表される。

4・4　ボーアの振動数条件

電子が原子中の高いエネルギー軌道から低いエネルギー軌道に遷移するとき，原子から光子が放出される。光子のエネルギーは，電子が移るエネルギー状態間のエネルギー差 ΔE であり，光子の波動としての振動数 ν との関係は

$$\Delta E = h\nu \tag{4-3}$$

である。この関係を**ボーアの振動数条件**と言い，物理化学における最も基本的な式の一つである。

電子スペクトルの波長（あるいは振動数）が分かると，電子遷移の軌道間エネルギー差が明らかになる。波長が長ければ（あるいは振動数が小さければ）放出する電子のエネルギーが小さく，また波長が短ければ（あるいは振動数が大きければ）エネルギーが大きいことを示す。水素原子の電子遷移に基づくスペクトルの解析から得られた関係式であるが，この振動数条件は電子スペクトル以外のスペクトルにも一般的に成立する。すなわち，異なるエネルギーレベル間の遷移により放出する電磁波は常にこの条件を満たす波長（あるいは振動数）を持つ。

4・5　電　磁　波

電磁波は電場と磁場の2個の成分から成る電磁場の振動が伝播する現象である。全ての電磁波は真空中を同じ速度 $c_0 = 2.998 \times 10^8 \text{ m s}^{-1}$ で進む[*2]。電磁波の原子や分子による吸収と放出を観測することで，これらの原子，分子のエネルギー状態を知ることができる。電磁波の波長範囲により，紫外・可視スペクトルなどの電子分光学，赤外線・ラマンスペクトルなどの振動分光学，マイクロ波スペクトル，核磁気共鳴吸収スペクトル，電子スピン共鳴吸収スペクトルなど各種の分光学があり，いずれも化合物の分析に非常に有用なので，化学や物理の研究に不可欠である。それぞれの振動数領域の観測には独自の技術が必要であるが，原理的には電磁波の吸収と放出にボーアの振動数条件が成立する。

電磁波（光）は波の一種であるので，伝播速度 c_0，振動数 ν，波長 λ，

[*2] **電磁波と光**
光も電磁波であることが19世紀にマクスウェルにより提唱され，その後広範囲の波長の電磁波を統一的に取り扱うことができるようになった。可視光のみならず，全ての波長の電磁波を光と呼ぶ場合がある。

マクスウェル　J. C. Maxwell

表 4・1 電磁波の振動数, 波長

電磁波の種類	振動数範囲 /10^{14} Hz	波長範囲 /nm	1光子のエネルギー/10^{-19} J
X線とγ線	$> 10^3$	≤ 3	$\geq 10^3$
紫外線	$3 \times 10^3 \sim 8$	$1 \sim 400$	$10^3 \sim 5$
可視光			
紫	~ 7.1	~ 420	~ 4.7
青	~ 6.4	~ 470	~ 4.2
緑	~ 5.7	~ 530	~ 3.8
黄	~ 5.2	~ 580	~ 3.4
橙	~ 4.8	~ 620	~ 3.2
赤	~ 4.3	~ 700	~ 2.6
赤外線	$4 \sim 3 \times 10^{-3}$	$800 \sim 10^6$	$2.6 \sim 2 \times 10^{-3}$
マイクロ波と電波	$< 10^{-3}$	$10^6 <$	$< 10^{-3}$

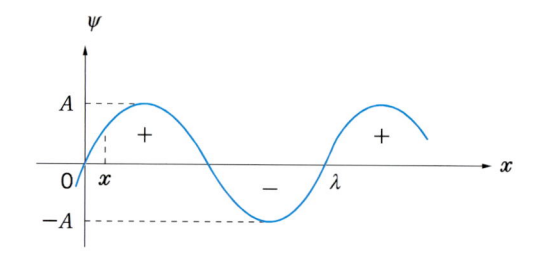

図 4・2 正弦波における変位と振幅, 波長

振幅などの特性値を有する. 図 4・2 は正弦波の形を表し, 位置 x, 時刻 t における変位は

$$\Psi(x, t) = A \sin 2\pi \left(\frac{t}{T} + \frac{x}{\lambda} \right) \quad (4\text{-}4)$$

ここで, A 振幅, λ 波長, T 周期, 振動数 $\nu = \dfrac{1}{T}$ である.

$2\pi \left(\dfrac{t}{T} + \dfrac{x}{\lambda} \right)$ を **波の位相** という. 位相は横軸の位置 x と時間 t に依存し, 位相により変位の正負が決まる. 変位がゼロの位置は **節** と呼ばれる.

位相 phase
節 node

全ての電磁波の真空中の速度は c_0 であり, 振動数と波長を掛けた値に等しい. すなわち式 (**4-5**) のようになる.

$$c_0 = \nu \times \lambda \quad (4\text{-}5)$$

4・6 エネルギー準位

原子や分子の挙動を記述し, 研究する上で最も重要なことは, 原子や分子ならびにそれらの構成要素である電子のエネルギー状態である. エ

ネルギーはしばしばその絶対量よりも，異なるエネルギー状態間の差が問題になることが多い。エネルギー状態を簡単に表現するよい方法は，一つの状態を横線で表し，エネルギーが高いほど横線が上に来るように表示することである。この関係を**図 4・3** に示す。縦の位置は単に定性的な場合，エネルギー値の相対的大きさだけを正確に目盛る半定量的な場合ならびにエネルギーの値（通常 J（ジュール））で定量的に目盛る場合があり，目的によって使い分ける。

この図に定性的に示されているように，三つの**エネルギー準位** A, B, C は A > B > C のエネルギー順になっている。仮に電子が A 準位のエネルギーを持っているとすると，より低いエネルギー準位 B あるいは C に遷移すると，失ったエネルギーは電磁波として放出される。エネルギー差が大きいほど，放出される電磁波の振動数は大きくなる（波長は短くなる）。すなわち，C への遷移の方が，B への遷移より，振動数の大きい（波長の短い）電磁波を放出するのである。ボーアの振動数条件によれば，式 (**4-3**) が示すように，これらのレベル間のエネルギー差はプランク定数に振動数を掛けた値しかとれないことになる。

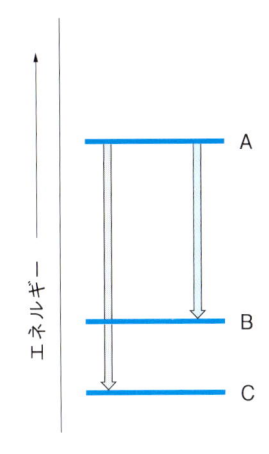

図 4・3 エネルギー準位とエネルギー放出の関係

4・7　電子スペクトル

原子あるいは分子中の電子は種々のエネルギー準位の軌道に存在する。原子あるいは分子に電磁波をあてると，電磁波のエネルギーが電子に移行して，電子は低いエネルギー準位から高いエネルギー準位へ励起される。このことは電磁波の吸収が起こることを意味する。電子の軌道間遷移のエネルギーに相当する紫外線領域の電磁波の振動数は 60 ～ 400 nm (50×10^{14} ～ 7.5×10^{14} Hz) と可視光線領域の 420 ～ 700 nm (7.5×10^{14} ～ 3.8×10^{14} Hz) である。この領域のスペクトルを**電子スペクトル**あるいは**紫外・可視吸収スペクトル**と呼び，電子遷移の研究や，化合物の同定・定量に用いられる。逆に電子が高いエネルギー準位から低いエネルギー準位に移るときには**発光スペクトル**が観察される。

4・8　ランベルト-ベールの法則

光が均質な物質層を透過する場合の光の吸収に関し，次の関係がある。

入射光の強度を I_0，透過光の強度を I とすると，I_0 と I の比の対数（吸光度）は物質層の厚さ l に比例する。すなわち，$\log(I_0/I) = al$ を**ランベルトの法則**という。また，**吸収係数** a は吸収物質の濃度 c mol dm^{-3} に比例する。すなわち，$a = \varepsilon c$ を**ベールの法則**という。この二つの法則を合わせて，吸収の強度を表す法則，

$$I = I_0 \times 10^{-\varepsilon c l} \tag{4-6}$$

ランベルトの法則　Lambert's law
ベールの法則　Beer's law

をランベルト-ベールの法則という（図 4・4）。この式の ε をモル吸光係数と呼び，波長に依存する物質固有の定数である。溶液の吸光度に基づき定量分析ができるし，可視部の吸収波長は物質の色を数値的に表すので，新化合物の特性値として論文に記載される場合が多い。

ランベルト-ベールの法則
Lambert–Beer's law

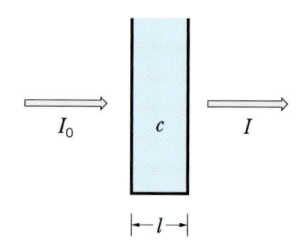

図 4・4 厚さ l の吸収セルに入った濃度 c の溶液における光吸収強度

4・9 水素の発光スペクトル

低圧の水素ガスに放電電流を流すと，種々の波長の線スペクトルが観測される。これらのスペクトル線は，水素分子の H–H 結合が電子により切断され，その結果生成する水素原子 H がエネルギーの高い状態に励起された後に基底状態に戻る際に出す電磁波である。スペクトルは連続スペクトルではなく，複数の定波長線スペクトルの組が，紫外部，可視部，赤外部に系列として現れる。このスペクトルは 4・7 節の電磁波の吸収を観測する電子スペクトルと異なり，電磁波の放出を観測するので，発光スペクトルと呼ばれる。

系列　series

バルマー系列と呼ばれる可視部のスペクトル波長の組（656.3, 486.1, 434.0, 410.2 nm）が単純な数式にあてはまることを最初にバルマーが発見した。

バルマー系列　Balmer series
バルマー　J. Balmer

$$\lambda = 364.6 \times 10^{-9} \times \frac{n^2}{n^2 - 2^2}\,\mathrm{m} \quad (n = 3, 4, 5, 6)$$

この式は

$$\begin{aligned}\frac{1}{\lambda} &= \frac{1}{364.6 \times 10^{-9}\,\mathrm{m}} \times 4 \times \left(\frac{1}{2^2} - \frac{1}{n^2}\right) \\ &= 1.097 \times 10^7 \times \left(\frac{1}{2^2} - \frac{1}{n^2}\right)\,\mathrm{m}^{-1}\end{aligned} \quad (4\text{-}7)$$

と書き換えられる。これが端緒となって，紫外部の**ライマン系列**，赤外部の**パッシェン系列**，遠赤外部の**ブラケット系列**などが数年後に発見された。そしていずれの系列も次の一般式で表されることをリュードベリ

ライマン系列　Lyman series
パッシェン系列　Paschen series
ブラケット系列　Brackett series
リュードベリ　J. Rydberg

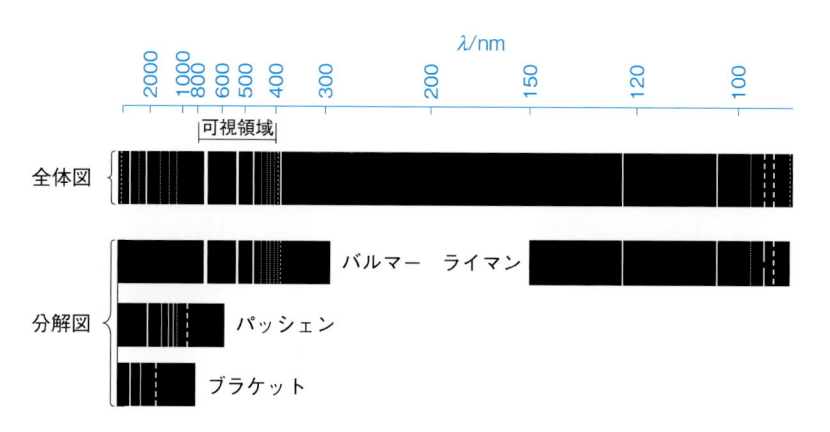

図 4・5　水素原子の発光スペクトル

> ## 水 素 (H$_2$)
>
> 　水素は原子番号 1 の最も単純な元素であり，宇宙で最も原子数が多い．地球上ではほとんどが海水の成分として存在するが，有機化合物において炭素とともに構成要素の代表である．イギリスのキャベンディッシュが 18 世紀に水素ガスとして初めて分離し，フランスのラボアジェが命名した．軽水素 H は陽子 1 個と電子 1 個から成り，同位体として原子核に陽子 1 個と中性子 1 個が含まれる重水素 (ジュウテリウム D)，陽子 1 個と中性子 2 個が含まれる三重水素 (トリチウム T) がある．水素イオンは酸性の基であり，プロトンとも呼ばれ，NMR (nuclear magnetic resonance) の最重要核種である．水素ガスは無色・無臭の気体で空気よりかなり軽く，また非常に燃え易い．沸点が −259.2 ℃ (常圧)，(空気に対し) 比重 0.0695 である．工業的には炭化水素水蒸気改質により大量に製造される．水の電気分解でも製造できる．アンモニア合成，塩酸製造，石油の脱硫，油脂の飽和化，還元剤，燃料などに大規模に使用され，近年では水素自動車，燃料電池などへの使用が検討されている．宇宙ロケットの液体燃料としても重要である．これらの応用にあたっては，水素の貯蔵運搬が大きな問題となり，水素ボンベの他に金属水素化物として貯蔵することも試みられている．
>
> 　太陽の中心では水素原子 4 個が融合してヘリウム原子 1 個がつくられる核融合反応が起こっている (4 ^{1}H → ^{4}He + 26.218 MeV)．ヘリウム原子 1 個の質量は，水素原子 4 個分の質量より 0.7 % ほど軽く，この失われた質量が莫大な太陽エネルギーに変換される．この反応が地上で制御して再現できれば無限のエネルギーが得られるのであるが，近い将来実現する可能性はなかろう．

が見出した．

$$\frac{1}{\lambda} = R_\infty \times \left(\frac{1}{n_1^2} - \frac{1}{n_2^2}\right) \quad (n_1 = 1, 2, 3 \cdots : n_2 = n_1 + 1,\ n_1 + 2,\ \cdots)$$

$$R_\infty = 1.097 \times 10^7\,\mathrm{m^{-1}} \tag{4-8}$$

R_∞ を **リュードベリ定数** という．ライマン系列は $n_1 = 1$，バルマー系列は $n_1 = 2$，パッシェン系列は $n_1 = 3$，ブラケット系列は $n_1 = 4$ である．

演 習 問 題

4・1 振動数 5.000×10^{14} Hz の光子 1 モルのエネルギーを計算せよ．

4・2 波長 500 pm の電子の運動エネルギーを求めよ．

4・3 速度が $2.000 \times 10^6\,\mathrm{m\,s^{-1}}$ の電子のド・ブロイ波長を計算せよ．

4・4 青色の光 (振動数 6.40×10^{14} Hz) の波長を求めよ．

4・5 赤色の光 (波長 700 nm) の振動数を求めよ．

4・6 厚さ 1 cm の試料セルに濃度 $1.20 \times 10^{-4}\,\mathrm{mol\,dm^{-3}}$ の試料化合物の水溶液を入れて，波長 360 nm の紫外光の吸収を測定したところ，透過率 I/I_0 が 0.270 となった．この化合物のモル吸光係数はいくらか．

4・7 バルマー系列 ($n_1 = 2$) の最長波長の遷移の波長を計算せよ．

4・8 パッシェン系列 ($n_1 = 3$) の最大振動数の遷移の振動数を計算せよ．ただし，光の速度を $c_0 = 3.000 \times 10^8\,\mathrm{m\,s^{-1}}$ とする．

第5章 波動関数と原子軌道

　原子や電子のような極めて小さい粒子の世界では，天体や目に見える物体にあまねく適用できるニュートン力学が成り立たなくなることが明らかになった．ボーアは水素原子のモデルを提案して，水素の発光スペクトルを定量的に解釈できることを示した．シュレーディンガーらがシュレーディンガー方程式を基礎とする量子力学を創り出し，電子の軌道を波動関数で表し，軌道の形と量子数の組み合わせの関係を明らかにした．

● ● ● ● ●

5·1　ボーアモデル

　原子は単純な粒子ではなく，電子と原子核から成ることが明らかになると，電子の存在位置とエネルギーに関していろいろな理論が出された．ボーアは水素原子のモデルとして，中心に存在する陽子の周りを電子が円回転する系を提案した．しかしながら，古典電磁気学に従えば，電子が原子核周りを回転すると，電磁波の放出とともに運動エネルギーを失い，原子核に落ちてしまうことになる．また，水素の発光が**線スペクトル**になる事実も説明できない．そこで，ボーアは円軌道を回る電子は特定の軌道しかとれないと仮定した．つまり，各電子の中心周りの**角運動量**（質量×速度×半径）はプランク定数（4·1節参照）h を 2π で割った $\hbar = h/2\pi$[*1] の整数倍に限定されると考えた．円軌道の半径を r，電子の質量を m_e，速度を v とすると，角運動量 $m_e v r$ は

$$m_e v r = \frac{h}{2\pi} \times n \quad (n = 1, 2, 3, \cdots) \tag{5-1}$$

である．この条件からボーアは電子のエネルギーと軌道半径を求めた．

$$E_n = -\frac{m_e e^4}{8\varepsilon_0^2 h^2} \cdot \frac{1}{n^2} \tag{5-2}$$

$$r = \frac{n^2 \varepsilon_0 h^2}{\pi m_e e^2} \tag{5-3}$$

ここで，e は**電気素量**で水素原子核の電気量であるので，電子の**電気量**は $-e$ になる．ε_0 は**真空の誘電率**である．エネルギーの式にはマイナス符号がついているので，エネルギー準位は $n=1$ のときが最低で，$n=\infty$ で最高値の 0 になる．$n=1$ の状態は**基底状態**，これより高い状態は**励起状態**である（図5·1）．

　電子が低いエネルギー準位に**遷移**する際にそのエネルギー差 ΔE に相当する光子が放出される．光子のエネルギーは $h\nu$ であるので，

$$\Delta E = h\nu \tag{5-4}$$

[*1] 量子力学では式を単純化するために，$\hbar = \dfrac{h}{2\pi}$ を用いることが多い．

水素原子の電子が $n = n_1$ である軌道のエネルギーを E_1, $n = n_2$ にある軌道のエネルギーを E_2 とすると，電子が軌道間を移る際に吸収あるいは放出する光の波長 λ は次の式で表される．

$$E_2 - E_1 = h\nu = \frac{hc_0}{\lambda} = -\frac{m_e e^4}{8\,\varepsilon_0^2 h^2}\left(\frac{1}{n_2^2} - \frac{1}{n_1^2}\right) \quad (5\text{-}5)$$

ボーアは，軌道間の電子遷移のエネルギー差が水素原子のスペクトル線に対応するとして，水素原子のエネルギー準位の公式 (**5-6**) も導き，これからリュードベリ定数 R_∞ の理論公式 (**5-7**) を得た．

$$E_n = \frac{hc_0 R_\infty}{n^2} \quad (5\text{-}6)$$

$$R_\infty = \frac{m_e e^4}{8\,\varepsilon_0^2 h^3 c_0} \quad (5\text{-}7)$$

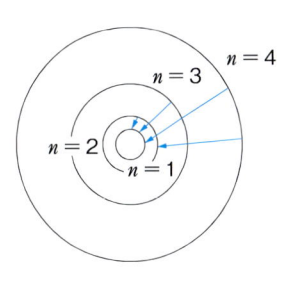

図 5・1 水素原子中の電子軌道と電子遷移

この式にそれぞれの定数の値を代入すると，
$R_\infty =$

$$\frac{(9.109 \times 10^{-31}\,\text{kg}) \times (1.602 \times 10^{-19}\,\text{C})^4}{8 \times (8.854 \times 10^{-12}\,\text{F m}^{-1})^2 \times (6.626 \times 10^{-34}\,\text{J s})^3 \times (2.998 \times 10^8\,\text{m s}^{-1})}$$

$= 1.097 \times 10^7\,\text{m}^{-1} \quad (\text{F} = \text{C V}^{-1},\ \text{J} = \text{C V},\ \text{J} = \text{m}^2\,\text{kg s}^{-2})$

が得られる．この値は水素のスペクトルから経験的に得られた値（4・9節）と一致し，この公式の正しさを立証した．しかし，ボーアの理論は水素原子のみにあてはまり，2個以上の電子を持つ原子には適用できない．

また $n = 1$ にあたる半径を計算すると $52.92 \times 10^{-12}\,\text{m} = 52.92\,\text{pm}$ になる．この値は**ボーア半径**と呼ばれ，水素原子の大きさを表すものとされた．エネルギー準位の式 (**5-6**) において，n は**主量子数**と呼ばれる整数であり，水素原子のエネルギー準位を決める．

主量子数
principal quantum number

5・2 シュレーディンガー方程式，波動関数，量子数

電子の波としての挙動は主量子数のみに依存するのではなく，他の量子数にも関係する．20世紀に誕生したシュレーディンガー方程式を基本とする新しい力学は**量子力学**と呼ばれ，微視的粒子（電子，原子のように小さい粒子）の運動やエネルギーなどの振る舞いを理解できるようにした．従来のニュートン力学は巨視的な（天体や目に見えるような物体の）世界の運動を理論化したが，微視的世界の運動に関しては破綻をきたしたので，新しい力学が必要になったのである．量子力学についての詳細は本書の範囲を超えるので，概念のみを述べる．

シュレーディンガー方程式は量子力学の基礎方程式であり，最も単純な形で表すと

$$\widehat{H}\Psi = E\Psi \quad (5\text{-}8)$$

シュレーディンガー
E. Schrödinger

という形式になる。ここで$\hat{H}$は電子の運動エネルギーと位置エネルギーの項から成る**ハミルトン演算子**と呼ばれる**演算子**[*2]であり，Eは電子のエネルギーである。シュレーディンガー方程式の解を**波動関数 Ψ**という。実際には，$\hat{H}$もΨもかなり複雑な式であるので，詳細は量子力学の教科書で学んでほしい。波動関数は**主量子数 n**，**方位量子数**（角運動量量子数ともいう）l，**磁気量子数 m_l**の3個の量子数を含み，**軌道**[*3] とも呼ばれる。

主量子数nは軌道を**殻**と呼ぶ群に分け，電子のエネルギーを示し，この数が大きいほど軌道のエネルギーは高く，電子は原子核からの距離が長いので原子核にゆるく結びつく。方位量子数lは電子の軌道運動の角運動量を示し，波動関数の形の方向性と関係する。lは$0, 1, 2, 3, \cdots, n-1$の数をとり，$l=0$を**s軌道**，$l=1$を**p軌道**，$l=2$を**d軌道**，$l=3$を**f軌道**と呼ぶ。磁気量子数m_lは方位量子数lのz成分であり，磁場があるときにmの値によりエネルギー準位が変化することに関連している。m_lの数は$-l$から$+l$までの$2l+1$個である。m_lはlの値により制約され，$l=0$のときは1個の値 ($m_l=0$) しかとれないので，s軌道は1種類になる。$l=1$のときはm_lは$-1, 0, +1$の3種の値をとれるので，p軌道は方向により区別され3個 (p_x, p_y, p_z)，同様にd軌道は$l=2$であるので，$-2, -1, 0, 1, 2$の5個 ($d_{x^2-y^2}, d_{z^2}, d_{xy}, d_{yz}, d_{xz}$) の値をとる。f軌道は7種類ある。軌道の形を決めるにはこれらの3種類の量子数を知る必要がある。

原子軌道は3個の量子数で定義されるので，一番エネルギーの低い順に，第1殻 ($n=1$) はs軌道 (1s) のみであり，第2殻 ($n=2$) はs軌道とp軌道 (2s, 2p)，第3殻 ($n=3$) はs軌道，p軌道，d軌道 (3s, 3p, 3d) からなる。水素原子のように1個しか電子がないものは，$n=2$の軌道のエネルギーは等しい。これらのエネルギー準位は**縮退**あるいは**縮重**[*4]しているという（6・3節参照）。2個以上の電子を持つ原子やイオンのエネルギー準位は，主量子数nだけでなく方位量子数lにも依存するので，電子が充填していく際にはより低いエネルギー準位に入る。

nとlの組み合わせで，1組の原子軌道を表す。たとえば，3d軌道はnが3でlが2であり，m_lは$2l+1=5$個である。n番目の電子殻に対するlとm_lの値の組み合わせは，

$$\sum_{l=0}^{n-1}(2l+1) = \frac{2n(n-1)}{2} + n = n^2$$

になる。したがって，K殻には1種類，L殻には4種類，M殻には9種類の波動関数がある（**表5・1**）。

ハミルトン演算子　Hamiltonian

*2 演算子
演算子は関数に作用する演算規則であり，たとえば微分演算子はd/dxのように表される。ハミルトン演算子は系の全エネルギーを求めるもので，運動エネルギーとポテンシャルエネルギー$V(x)$の演算子の和である。1次元系のハミルトン演算子は
$$\hat{H} = -\frac{h^2}{8\pi^2 m}\frac{d^2}{dx^2} + V(x)$$
である。

波動関数　wave function
方位量子数　azimuthal quantum number
磁気量子数　magnetic quantum number

*3 軌道 (orbital)
太陽の周りの惑星運動の軌跡を軌道 (orbit) と称する。初期の原子構造理論において電子は原子核の周りをあたかも惑星運動のように周遊するとされたので，軌道 (orbit) の名が使用され，その後量子力学が誕生すると電子の波動関数を表す言葉としてorbitalが使用されるようになったが，日本語では両方とも同じ「軌道」という言葉が使われるので，混乱することがある。

殻　shell

縮退（縮重）　degeneracy

*4 縮退（縮重）
2個以上の状態が等しいエネルギーを持つとき，それらの状態は縮退しているという。エネルギー準位を図で表せば，横棒線が同じ高さに位置する。たとえば，主要族原子の軌道図において$2p_x, 2p_y, 2p_z$軌道は縮退しているので，同じ準位に並ぶ（6・5節参照）。

表5・1　波動関数の種類

電子殻	主量子数 n	方位量子数 l				
		0 s (1)	1 p (3)	2 d (5)	3 f (7)	4 g (9)
K	1	1s (計1)				
L	2	2s	2p (計4)			
M	3	3s	3p	3d (計9)		
N	4	4s	4p	4d	4f (計16)	
O	5	5s	5p	5d	5f	5g (計25)

　原子の**惑星モデル**において，原子核を太陽になぞらえると，電子は惑星であり，公転に対応する電子の原子核周りの回転の他に自転に対応する**スピン**と呼ばれる回転運動がある。電子は2個のスピン状態を持ち，下向きの矢印↓（時計回り）と上向きの矢印↑（反時計回り）で表される。上から見た場合，時計回りか反時計回りに同じ速度で回転する。回転する電荷は磁場を生むので，2個のスピン状態は外部磁場に対する相互作用で区別できる。**スピン量子数**は第4番目の量子数 m_s であり，+1/2 あるいは −1/2 の2個の値しかとらない（図5・2）。

　結局，電子は4個の量子数 (n, l, m_l, m_s) の組み合わせで決まる状態をとることになる[*5]。

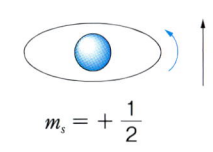

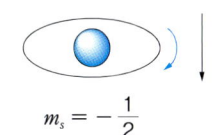

$m_s = +\dfrac{1}{2}$

$m_s = -\dfrac{1}{2}$

図5・2　電子スピンの模式図

[*5] パウリの排他原理とフントの規則のしばりがある（6・3節参照）ので，複数の電子が同じ量子数の組み合わせを持つことは不可能である。

5・3　軌道の形

　電子は粒子であると同時に波動の一種でもあり，波動関数あるいは軌道と呼ぶ領域に存在するとされるが，軌道の形はどのようなものであろ

窒　素（N_2）

　大気のおよそ78％が窒素ガスであるにもかかわらず，18世紀にフランスのラボアジェが"発見"するまで窒素は元素として認識されていなかった。常温常圧では無色無臭の気体で，沸点 −195.8 ℃ は液体窒素温度とも言われる。化学的には相当不活性な気体であるが，窒素固定細菌などが空気中の窒素を化学的に固定，含窒素化合物を合成して植物を成長させている。普通の生物は固定化された窒素化合物を動植物から摂取することにより，生存成長している。生物的窒素固定反応機構を解明して，常温常圧における人工的窒素固定が実現すれば化学と化学工業に大きな進歩がもたらされよう。

　窒素ガスは液体空気の分留によって酸素ガスとともに大量に製造され，アンモニア合成，冷凍用冷却材，酸化防止用封入ガスなど工業的にも多くの用途がある。液体窒素温度で超伝導が発現する実用的超伝導材料ができたら，送電，モーターなどに革命が起こるとされる。窒素は +V から −III 価まで多くの酸化状態をとり，アンモニア NH_3，NO，NO_2 などの酸化物，硝酸 HNO_3，アミン類，複素環化合物，ニトロ化合物，アミノ酸をはじめ多くの有機化合物に含まれている。ノーベルが開発したニトロ化合物から成るダイナマイトは，人類に多大な影響を与えた。

うか．

　電子の状態は波動関数 $\Psi(x,y,z,t)$ で表され，この絶対値 $|\Psi|$ の2乗 $|\Psi|^2$ に体積 $\mathrm{d}x\mathrm{d}y\mathrm{d}z$ を掛けた $|\Psi(x,y,z,t)|^2\mathrm{d}x\mathrm{d}y\mathrm{d}z$ が，時刻 t において電子が x と $x+\mathrm{d}x$, y と $y+\mathrm{d}y$, z と $z+\mathrm{d}z$ の間に存在する確率になることをボルンが示した．すなわち，波動関数は電子が運動する軌道というより，むしろ電子が確率的に存在する領域を示しているのである．

　水素様原子の波動関数 $\Psi_{n,l,m}$ は，原子中の電子の運動を表し，動径部分 $R_{n,l}(r)$ と**角度部分** $Y_{l,m}(\theta,\phi)$ の積 $\Psi_{n,l,m} = R_{n,l}(r) \times Y_{l,m}(\theta,\phi)$ となる．$R_{n,l}(r)$ は，電子の原子核からの距離 r に依存し，$Y_{l,m}(\theta,\phi)$ は電子の存在確率の角度依存性[*6]を決める．

　動径方向に存在する電子の分布を表すのが**動径分布関数** $D(r)$ である．

$$D(r) = r^2 R_{n,l}(r)^2 \tag{5-9}$$

電子が存在しない（$D(r)=0$），半径に沿った $n-l-1$ 個の場所を**動径節**と呼ぶ．$D(r)$ は動径節の数より1個多い $n-l$ 個の極大を示すが，最も外側の極大で電子密度が最大値 $D(r)_{\max}$ になり，原子核と $D(r)_{\max}$ の間の距離 r が原子の大きさの目安となる．

　角度方向で電子密度がゼロである領域を**方位節**（あるいは節平面）と呼ぶが，節を挟んで位相（正負）（4・5節参照）が逆転する．量子数 l と同数の方位節がある．2p軌道（$l=1$）は位相の異なる2個の領域を分ける1枚の**節平面**を持ち，3d軌道（$l=2$）は2枚の節平面を持つ．

　たとえば $2\mathrm{p}_x$ 軌道の xy 平面上のプロットの場合は，**動径関数** $R_{1,1}(r)$ を定数とみなすと，xy 平面上であるので $\theta=\pi/2$ であり，波動関数は**角度関数** $Y_{1,1}(0,\phi)$ の二次元極座標プロットになる．角度関数は**球面調和関数**ともいわれ，**極座標**における角度（θ と ϕ）の三角関数

$$Y_{1,1}(0,\phi) = \sqrt{\frac{3}{4\pi}} \cos\phi$$

で表される．各方向の $|Y|$ の値 d を，座標原点からその方向を向いたベクトルの長さにとり，ベクトルの先端Pが描く図形として表すと，**図5・3(a)** のように原子軌道の角度依存性が示される．$Y_{1,1}(0,\phi)$ は三角関数の位相 $2\pi(x/\lambda - t/T)$ に依存し，正または負の値をとる．角度関数が正の場合には**位相**が正，負の場合には位相が負と言い習わされている．この図は2個の円が y 軸上で接している形であり，$Y_{1,1}(0,\phi)$ の位相（正負）により + 領域と − 領域に分かれる．正負の記号をつけると電荷のように誤解されるので，正負の領域を色分けして示すことも多い．

ボルン　M. Born

[*6]　**角度依存性**
　波動関数の角度部分 $Y_{l,m}$ は球面調和関数と呼ばれる特殊関数であり，極座標 r, θ, ϕ を用いて表される．θ と ϕ の三角関数であるので，その値は角度 θ と ϕ に依存する．

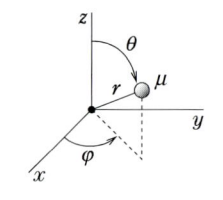

三次元の極座標

動径節　radial node
方位節　angular node

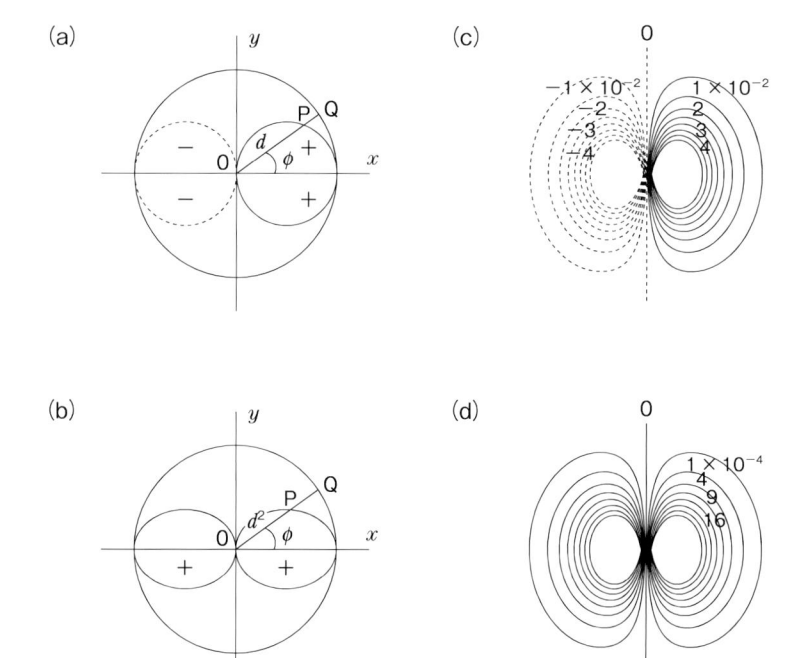

図 5・3 2p$_x$ 軌道の原子軌道図 (a, c) と電子密度図 (b, d)

　一方，角度関数の2乗 $Y^2 = d^2$ を同様にプロットすると，**図 5・3 (b)** のように + 領域のみの水滴形になる．この図は電子密度関数の角度依存性を表す．

　原子の波動関数は三次元の位置座標の関数であるので，平面上での Ψ の値が等しい点を等高線として描くと分かりやすい．$|\Psi|^2$ は電子密度であるので $|\Psi|^2$ の図は**電子密度図**である．Ψ と $|\Psi|^2$ の位相（正負）以外の形は互いに似ている．2p$_x$ 軌道の波動関数と電子密度の**等高線図**を**図 5・3 (c)** と**図 5・3 (d)** に示す．

　図 5・4 は s 軌道，p 軌道，d 軌道の**極座標図**であり，通常教科書に記載されている図である．これらは，電子密度の 90 % 程度が線の内側に存在する波動関数の境界面を図示している[*7]．原子軌道や電子密度を表すには等高線図を使用するのが正しいのであるが，軌道相互作用などを考察するには極座標図（**図 5・4**）で十分であるので，一般にこれらの図が使用されている．

　主量子数が異なっても，軌道の形状は基本的に同じである．1個の原子におけるこれらの軌道は全て，原子核を中心として，空間的に互いに重なる領域にあるが，それぞれの電子は固有の軌道に充填されている．電子は各量子数により規定される軌道内にあるので，エネルギーの授受がない限り，軌道間を移るわけにはいかない．もし全ての軌道を一つの

*7 電子は原子核からの距離が無限大になるまで存在するが，電子密度は距離が大きくなるほど急激に小さくなる．

40　第5章　波動関数と原子軌道

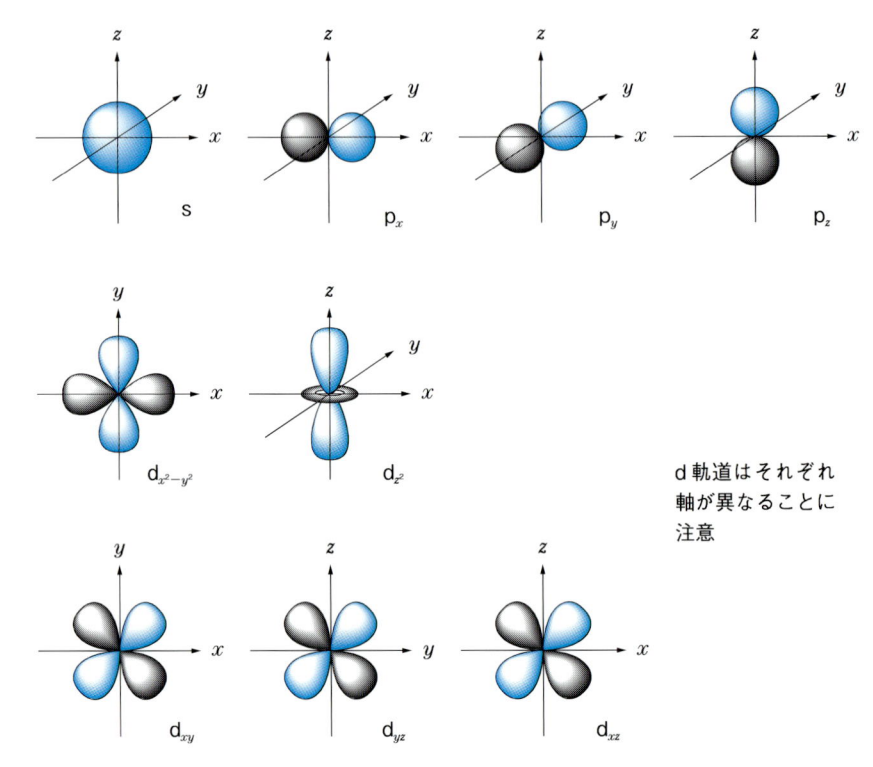

図5・4 原子軌道（波動関数）の形（極座標図）

d軌道はそれぞれ軸が異なることに注意

図上に描いたら混乱してしまうので，量子数が異なる軌道は別々に書き分ける．軌道と電子密度の図は似ており，混同するおそれがあるが，位相が示されているのが軌道の図，位相が示されていないのが電子密度の図と考えるとよい．

演習問題

5・1 ボーアの水素原子半径の式(5-3)に各定数を代入してボーア半径を計算せよ．ただし，$\varepsilon_0 = 8.854 \times 10^{-12}\,\mathrm{F\,m^{-1}}$ ($\mathrm{F = C\,V^{-1}}$, $\mathrm{J = C\,V}$)，$h = 6.626 \times 10^{-34}\,\mathrm{J\,s}$，$m_e = 9.109 \times 10^{-31}\,\mathrm{kg}$，$e = 1.602 \times 10^{-19}\,\mathrm{C}$ とする．

5・2 式(5-5)を用いて，水素原子中の電子が $n_2 = 2$ から $n_1 = 1$ の軌道に遷移するときに放出する光の振動数と波長を計算せよ．ただし，$c_0 = 3.000 \times 10^8\,\mathrm{m\,s^{-1}}$ とする．

5・3 何故s軌道の数は1個，f軌道の数は7個であるのか．

5・4 d軌道図の特徴を記せ．

5・5 5個のd軌道図のうち4個は四葉のクローバー形で，1個だけが亜鈴形であるのは何故か．

5・6 シュレーディンガー方程式において，ハミルトン演算子が $\hat{H} = -\dfrac{h^2}{8\pi^2 m}\dfrac{\mathrm{d}^2}{\mathrm{d}x^2}$ で表され，波動関数 Ψ が正弦波関数 $\Psi = A\sin kx$ であるとき，式(5-8)を成立させる条件を示せ．

5・7 正弦波（第4章，式4-4）において，変位が最大になる位相を記せ．

5・8 $2\mathrm{p}_x$ 軌道の波動関数や電子密度を表現するのに，極座標図より等高線図の方が適切なのは何故か．

第6章 原子の電子構造

原子軌道のエネルギー準位は主量子数の大きさの順に高くなるので,原子番号が増加するにつれて,電子はエネルギー準位の低い軌道から順番に詰まる。電子の充填については**パウリの排他原理**と**フントの規則**があり,2個の電子が同じ軌道に逆平行で入るか,等エネルギーの異なる軌道に平行に入るかが決まってくる。この原理と規則に従って,水素原子から順に電子配置が定まる。これを**構成原理**と呼ぶ。電子配置は,貴ガス構造の内殻に価電子が付加する形とみなせる。

・・・・・

6・1 遮蔽と有効核電荷

水素以外の原子は**多電子原子**であり,複数の電子はエネルギーの低いものから順番に軌道を占有する。軌道のエネルギー準位を決めるのは核電荷 Ze であるが,多電子の場合は**有効核電荷**を考慮する必要がある。有効核電荷 Z_{eff} は通常電気素量 e 単位で表される[*1]。

多電子原子は核電荷 $(+Ze)$ を持ち,外殻電子をより強く引き付ける結果,水素原子よりエネルギーが低下する。それと同時に**外殻電子**と**内殻電子**との反発相互作用により,エネルギー上昇を招く。この二つの因子が原子の電子構造と性質に影響を及ぼす。電子間の反発のために,反発相互作用がないと仮定した場合より,外殻電子と原子核間の引力は小さくなる。つまり原子核の引力が内殻電子により**遮蔽**され(図6・1),有効核電荷 $(+Z_{\text{eff}}e)$ は実際の核電荷 $(+Ze)$ より小さくなる。遮蔽効果を表すパラメーターを**遮蔽定数** σ と呼び,核電荷との関係は

$$Z_{\text{eff}} = Z - \sigma \tag{6-1}$$

で表される。たとえば,ヘリウム原子では $+2e$ よりかなり小さい有効

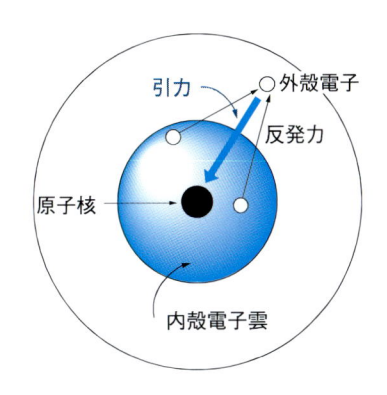

*1 有効核電荷
　有効原子番号とも呼び,単位のない数値である。

図6・1　遮蔽と有効核電荷

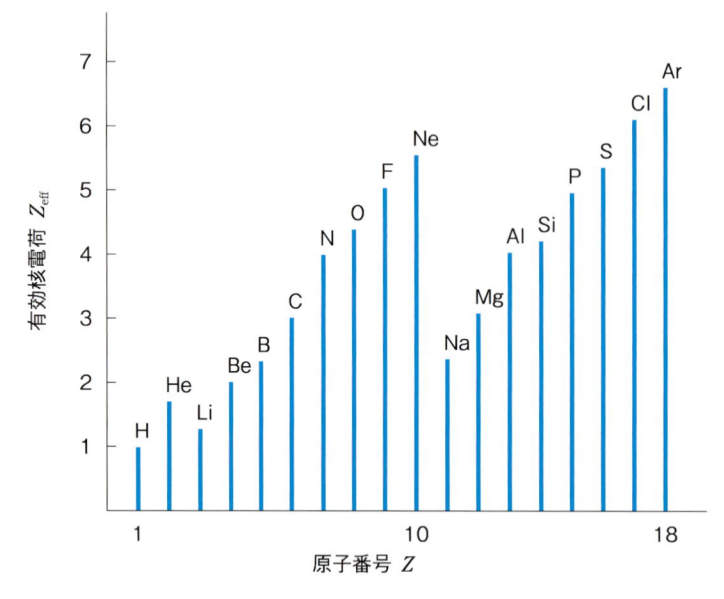

図6・2 最外殻電子に対する有効核電荷

核電荷(約 $+1.7e$)の原子核と同等の引力を 1s 電子に及ぼす．第 2 周期のリチウムでは，ヘリウムより核電荷が大きいのにもかかわらず，価電子に対する有効核電荷は小さく，それからネオンに至るまで増加していき，ナトリウムで再び小さくなる．図 6・2 はこの傾向を示している．異なる型の軌道の電子の遮蔽はそれぞれ程度が異なり，s < p < d の順で大きくなるので，この順にエネルギー準位が高くなる．

6・2 軌道のエネルギー準位

　量子数の組み合わせにより定まる**原子軌道**のエネルギー準位は，最低の 1s 軌道から順に高くなり，電子が低い準位の軌道に入るほど安定な原子になる．水素原子の電子は 1 個しかないので，最も準位が低い 1s 軌道に入る．2 個以上の電子を持つ原子においては，低いエネルギー準位の軌道から優先的に電子が充填されていく．原子軌道のエネルギー準位は，原則的には 1s < 2s < 2p < 3s < 3p < 3d < 4s … の順に高くなるが，原子番号が $Z = 19$ (K)，20 (Ca) では 4s と 3d が逆転して 4s < 3d の順になる (図 6・3) ので，4s 軌道が先に充填される．

6・3 パウリの排他原理，フントの規則

　「1 個の軌道を占有できる電子は 2 個以下であり，2 個の電子が同一の軌道に入る場合はスピンが逆平行（異なる向き）でなくてはならない」とするのが**パウリの排他原理**である．原子軌道は 3 個の量子数 n, l, m_l で

パウリ　W. Pauli
パウリの排他原理
Pauli exclusion principle

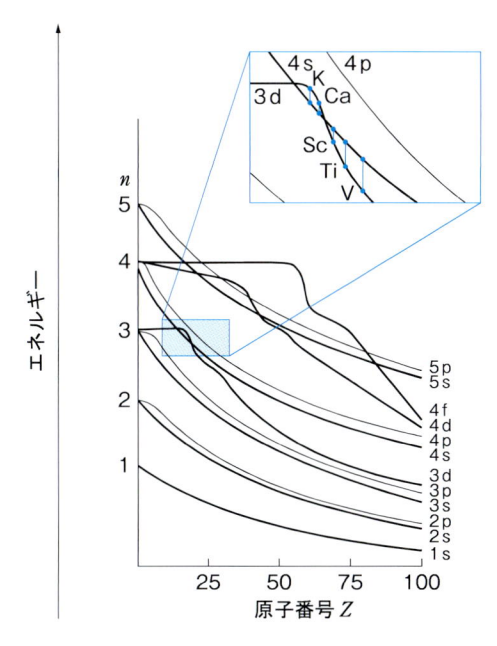

図6・3　原子番号と軌道のエネルギー準位

規定され，スピン状態は4番目のスピン量子数 m_s で定まる。すなわち，原子中の電子の量子数 n, l, m_l が同じであれば，m_s は $+1/2$ か $-1/2$ の異なる値をとり，4個とも同一の量子数であることはできない。

「副殻中に等しいエネルギー準位の軌道が複数ある場合（縮退あるいは縮重という；5・2節参照），2個の電子は1個の軌道内で対にならず，スピンを平行（同じ向き）にして別々の軌道を占有する」というのが**フントの規則**である。これは，同じ軌道に2個の電子が入ると電子間反発により高いエネルギー状態になるから，できるだけ異なる軌道を占有するのが有利になるからである。

フント　F. Hund
フントの規則　Hund's rule

6・4　構 成 原 理

原子の電子数は原子番号 Z 順に1個ずつ増えていくが，電子は最低エネルギー準位の原子軌道からエネルギー順に入る。1個の軌道に入る電子は2個までである。各軌道における電子の占有状態を**電子配置**という。水素原子は1個しか電子を持たないので1s軌道に入るのが最も安定である（**図6・4**）。1個の電子スピンは上向きでも下向きでもよい。上向きの矢印を $m_s = +1/2$ のスピン，下向きを $m_s = -1/2$ のスピンとしているが，上下を逆にしても差し支えない（第5章図5・2）。水素原子の空の2s軌道と2p軌道は軌道エネルギーが主量子数 n のみに依存するので縮退している。

電子配置
electron configuration

第6章 原子の電子構造

ヘリウム原子には2個の電子があり、2個とも1s軌道に入るが、スピンは互いに逆平行になる（**図6・5**）。ヘリウム原子では2電子の反発相互作用のため、2s軌道と2p軌道の縮退は解けて、異なるエネルギー準位にある。

3個の電子を持つリチウム原子では3番目の電子は2s軌道を占め、4個の電子を持つベリリウム原子では4番目の電子は2s軌道に逆平行で入る（パウリの原理）。ホウ素原子になると、5番目の電子がp軌道の一つを占める（**図6・6**）。

次の炭素原子では、3個の同じエネルギー準位のp軌道に2個の電子を充填するが、6番目の電子が同じp軌道に入ると反発エネルギーがあるので不利になるため、異なるp軌道に平行スピンで入る（フントの規則）（**図6・7**）。

同様に、窒素原子では7番目の電子は異なるp軌道に平行スピンで入る（**図6・8**）。

酸素原子では、8番目の電子はいずれかのp軌道に逆平行スピンで収まる（**図6・9**）。

このような順で原子の電子配置を作り上げる方式を**構成原理**（Aufbau principle）と呼ぶ。Aufbauはドイツ語で作り上げることを意味する。

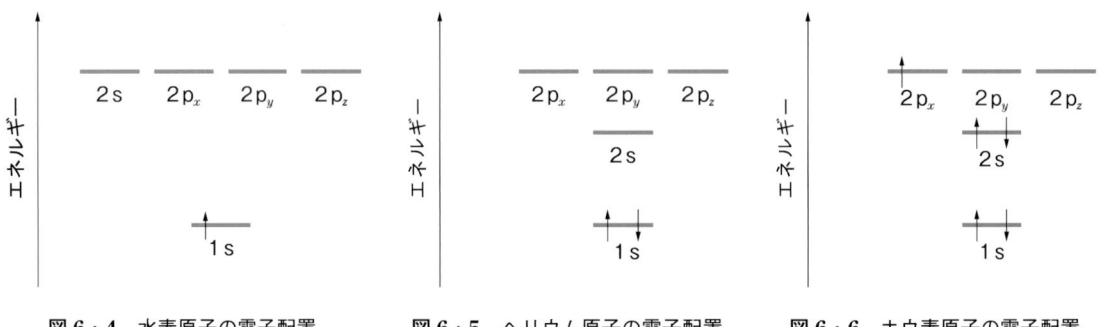

図6・4 水素原子の電子配置

図6・5 ヘリウム原子の電子配置

図6・6 ホウ素原子の電子配置

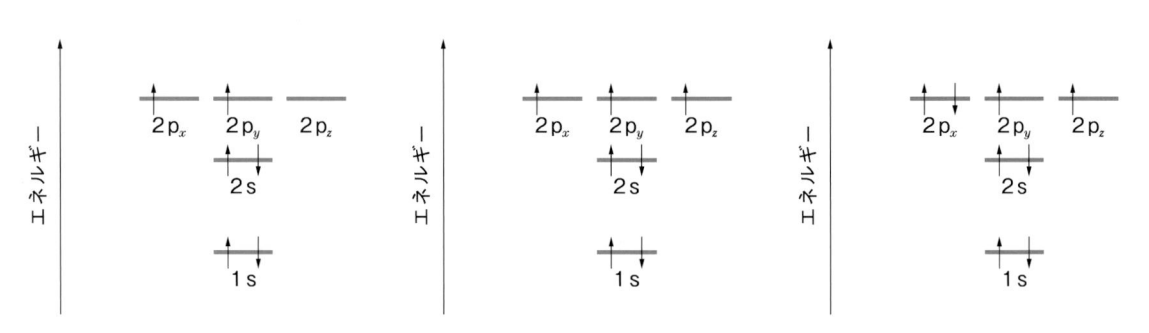

図6・7 炭素原子の電子配置

図6・8 窒素原子の電子配置

図6・9 酸素原子の電子配置

6・5　電子構造

電子構造という言葉はいろいろな意味で使用されるが，最も単純には，原子やイオンにおいて各原子軌道にある電子数を示す．6・4節に示した第2周期原子より原子番号が大きい原子の例を以下に挙げる．第2周期の最後のNeで**貴ガス構造** $1s^2 2s^2 2p^6 = [Ne]$ を取るので，第3周期では [Ne] に加わる電子のみを表すこともある．第4周期になると，4s軌道が3d軌道より少し準位が低くなるので，KとCaではまず4s軌道が満たされ，Sc以降では3d軌道が順に充填されていく．**ランタノイド元素**では，最初のLaを除き，4f軌道が5d軌道より先に充填されていき，Ybで14個のf軌道が全て充填される．

Na : $1s^2 2s^2 2p^6 3s^1 = [Ne] 3s^1$

Al : $1s^2 2s^2 2p^6 3s^2 3p^1 = [Ne] 3s^2 3p^1$

Cl : $1s^2 2s^2 2p^6 3s^2 3p^5 = [Ne] 3s^2 3p^5$

Ar : $[Ne] 3s^2 3p^6$

K : $1s^2 2s^2 2p^6 3s^2 3p^6 4s^1 = [Ar] 4s^1$

Ca : $1s^2 2s^2 2p^6 3s^2 3p^6 4s^2 = [Ar] 4s^2$

Sc : $[Ar] 3d^1 4s^2$

Fe : $[Ar] 3d^6 4s^2$

Zn : $[Ar] 3d^{10} 4s^2$

Kr : $[Ar] 3d^{10} 4s^2 4p^6$

Xe : $[Kr] 4d^{10} 5s^2 5p^6$

La : $[Xe] 5d^1 6s^2$

Ce : $[Xe] 4f^1 5d^1 6s^2$

Au : $[Xe] 4f^{14} 5d^{10} 6s^1$

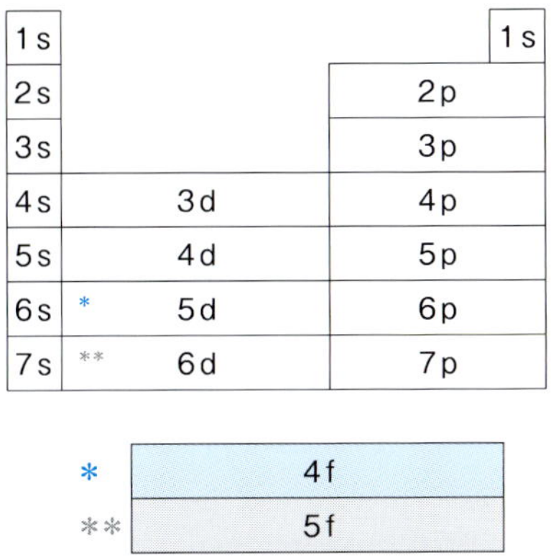

1s			1s
2s			2p
3s			3p
4s		3d	4p
5s		4d	5p
6s	*	5d	6p
7s	**	6d	7p

*	4f
**	5f

図 6・10　周期表と電子配置

陽イオンになると最高準位の電子が失われ，陰イオンでは，最低の空準位に電子が入る。たとえば，

Al^{3+}：1s^{2}2s^{2}2p^6＝[Ne]

Cl$^-$：1s^{2}2s^{2}2p^{6}3s^{2}3p^6＝[Ar]

1・3節に記載したように，周期表のブロック分類を見ると，原子番号と構造の対応が明らかになろう。最高のエネルギー準位がs軌道である水素，ヘリウム，アルカリ金属元素などがs-ブロック元素，p軌道が最高エネルギー準位であるホウ素から始まる元素がp-ブロック元素である。構成原理による周期表の構造は図6・10のようになる。

6・6　内殻電子と価電子

原子やイオンは**貴ガス殻**の周りに**価電子殻**を持っており，価電子殻は主量子数 n が最大の占有殻である。電子配置を表すのに**価電子***2 のみを示すこともある。価電子が原子やイオンの反応性などの化学的性質

価電子殻　valence shell
*2　価電子
　原子価電子 valence electron の短縮語である。原子の閉殻（貴ガス殻）の芯の外側にある電子のことであり，原子がつくる結合数を原子価ということから名づけられた。最外殻の電子が結合に関与するために，最外殻電子が価電子となる。

酸　素（O$_2$）

　酸素ガスが大気の21％もある惑星は地球以外になく，おそらく広い宇宙で地球型の星が近い将来発見されるとは思えない。地球は奇跡の水の惑星であり，光合成生物の発生により水から生成した酸素ガスが大気を満たすようになったのである。元素の中で，宇宙では水素，ヘリウムの次に3番目に多い質量を占め，地殻では最も多い。生物の生存にとって不可欠な酸素ガスが発見され性質が明らかになったのは，18世紀になってからである。スウェーデンのシェーレ，イギリスのプリーストリー（J. Priestley）が発見者とされ，フランスのラボアジェの近代化学的貢献度が高い。酸素はフッ素に次いで電気陰性度（8・3節参照）が大きく，その高い酸化力のためにほとんどの元素と結合し酸化物をつくる。中でも地球で最大量を占めるのは海水と岩石を構成する酸化物，ケイ酸塩，炭酸塩である。^{16}O，^{17}O，^{18}Oの3種類の同位体があり，大部分は^{16}Oである。酸素分子は常温・常圧では無色・無臭で沸点が－183℃の気体である。酸素分子は不対電子を持っているために常磁性†を示す。有機化学においても，酸，アルコール，アルデヒド，ケトン，エーテルなど含酸素化合物が多く，合成化学の中心となっている。

　酸素は植物，緑藻類，シアノバクテリアの**光合成**によって，年間約10^{11}トンも供給されるとともに，酸素呼吸をする生物により大量に消費される。生物にとって必須の分子であるが，酸化性のために必要以上に体に入れることは有害である。たとえば，未熟児網膜症の原因物質であり，失明や死亡に至ることもある。

　酸素は燃料の助燃剤であることは言うまでもない。通常の燃焼には十分な酸素の供給が必要である。最近の自動車エンジンは最適酸素量を制御できるようになって燃料消費量が低下した。溶接，潜水，登山，治療などに酸素ボンベが用いられているのを見かけるが，工業的最大需要は製鉄業である。酸素ガスは空気を冷却液化して分留により窒素，アルゴンと分離する深冷分離法で製造される。

---

† 常磁性物質は正の磁化率を持ち，磁場の内部に引き込まれる物質である。常磁性は通常不対スピンによって生じる。

を決める．原子から電子が失われ陽イオンになる場合や，電子が付加して陰イオンになる際は貴ガス構造になりやすい．この原則で最大のイオン価が決まり，アルカリ金属では +I 価，アルカリ土類金属では +II 価，13 族金属では +III 価が最大価数になり，14 族では +IV 価，15 族 −III 価，16 族 −II 価，17 族 −I 価になる．貴ガス殻は**内殻**とも呼ばれ，そこに含まれる電子は非常に安定であるので反応に関与しない．価電子の授受にあたって安定な貴ガス構造になり，貴ガスそのものは価電子殻が全て占有された原子であるので，通常は反応性がない．

演習問題

6・1 アルカリ金属の s 電子に対する有効核電荷が非常に小さいのは何故か．

6・2 酸素原子の電子配置とフントの規則の関係について述べよ．

6・3 原子番号 10 の元素の電子のそれぞれについて 4 種の量子数を表にまとめよ．

6・4 原子番号 20 の原子の電子配置を記せ．

6・5 $n = 3$, $l = 2$ の軌道に収容できる電子数はいくつか．

6・6 多電子原子電子殻中の副殻電子のエネルギーは s＜p＜d の順に高くなる．この理由を説明せよ．

6・7 炭素原子の励起状態の電子構造の一つを記せ．

6・8 以下の原子の基底状態の電子構造を記せ．
　　　1) Rb　　2) Y　　3) I　　4) Nd

第7章 分子軌道法

分子軌道法は量子力学を化学に適用したものであり，分子全体に広がった分子軌道に関する波動方程式を解いて，軌道エネルギーや分子構造などを明らかにする方法である．電子はパウリの原理とフントの規則に従って分子軌道を充填し，分子が形成される．これを表すのに，原子軌道のローブ（葉形）の重なりで軌道相互作用を示す方法と，原子軌道のエネルギー準位から分子軌道のエネルギー準位を構築する方法がある．分子軌道には最高被占準位（HOMO）と最低空準位（LUMO）があり，分子の反応性に深く関係する．ヒュッケル近似は π 共役分子の分子軌道を構築する単純な計算方法である．炭素原子の s 軌道と p 軌道を混合して sp^3，sp^2，sp 混成軌道をつくると，炭素原子が方向性の定まった 4 個の結合を形成できるようになる．

7・1 分子軌道

原子の結合により分子ができることを量子化学の言葉で表現すると，「**原子軌道（AO と略称）の重なりによる分子軌道（MO と略称）の形成**」である．原子中の電子の波動関数 χ を原子軌道と言い，A 原子と B 原子から生成する A−B 分子の波動関数

$$\phi = C_A\chi_A + C_B\chi_B \tag{7-1}$$

を分子軌道と呼ぶ．ここで C_A と C_B はそれぞれの原子軌道の寄与の割合を示す係数であり，ϕ は**原子軌道の線形結合**（LCAO）である．**波動の変位**は位相によって正負の値をとる（4・5，5・3 節参照）．$C_A\chi_A$ と $C_B\chi_B$ が同符号（位相が合う）であれば結合し，異符号（位相が合わない）であれば結合を開裂させる．原子軌道の重なりが大きいほど，強い結合が形成される[*1]．**結合性軌道**ができるためには，1) 原子軌道の形が重なりに適する，2) 同位相である，3) エネルギーレベルが近い，という条件を満たす必要がある．

このことを図で表すには，2 種類のやり方がある．一方は分子軌道の空間的分布を示すものであり，2 個の原子軌道の**ローブ（葉形）**[*2]が重なった結果生じる分子軌道のローブを示す．分子の結合軸の周りを 180° 回転した際，ローブの位相（正負）が変わらないものを **σ 結合**と呼ぶ．また位相が反転するものを **π 結合**と呼ぶ．π 結合には結合軸を含む節面があり，そこには電子が存在しない．

σ 結合と π 結合形成における原子軌道の組み合わせを図 7・1〜7・4 に示す．σ 結合は s-s, s-p, p-p, s-d, p-d, d-d の重なりにより，π 結合は

原子軌道　atomic orbital
分子軌道　molecular orbital

原子軌道の線形結合　linear combination of atomic orbitals

[*1] 位相
波動関数は動径部分と角度部分の積で表され，角度部分は三角関数を含むので，位相（波動の位置と時間により定まる角度）により変位が正，0，負になる（5・3 節参照）．通常，変位の正負を位相と呼ぶ習わしである．0 の部分は節と呼び（4・5 節参照），電子が存在しない領域になる．

結合性軌道　bonding orbital

[*2] ローブ (lobe)
英語 (lobe) の意味は丸い突出部，耳たぶ，葉の裂片などである．軌道の図において，同じ値を結んだ表面で囲まれた領域（二次元であれば等高線に相当する）を表す．適当な日本語がないため，そのままローブと呼ぶ．

節面　nodal plane

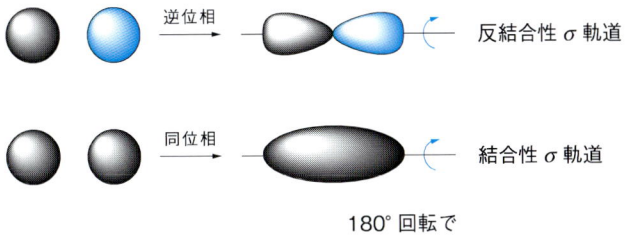

図 7・1　σ性の結合性分子軌道と反結合性分子軌道の形成

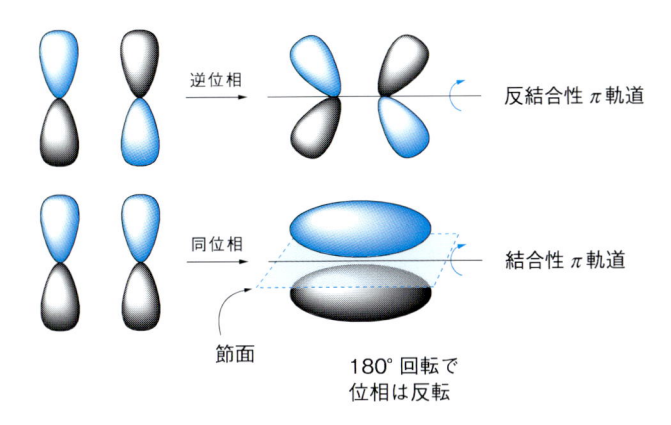

図 7・2　π性の結合性分子軌道と反結合性分子軌道の形成

結合性 σ 軌道　　反結合性 σ 軌道

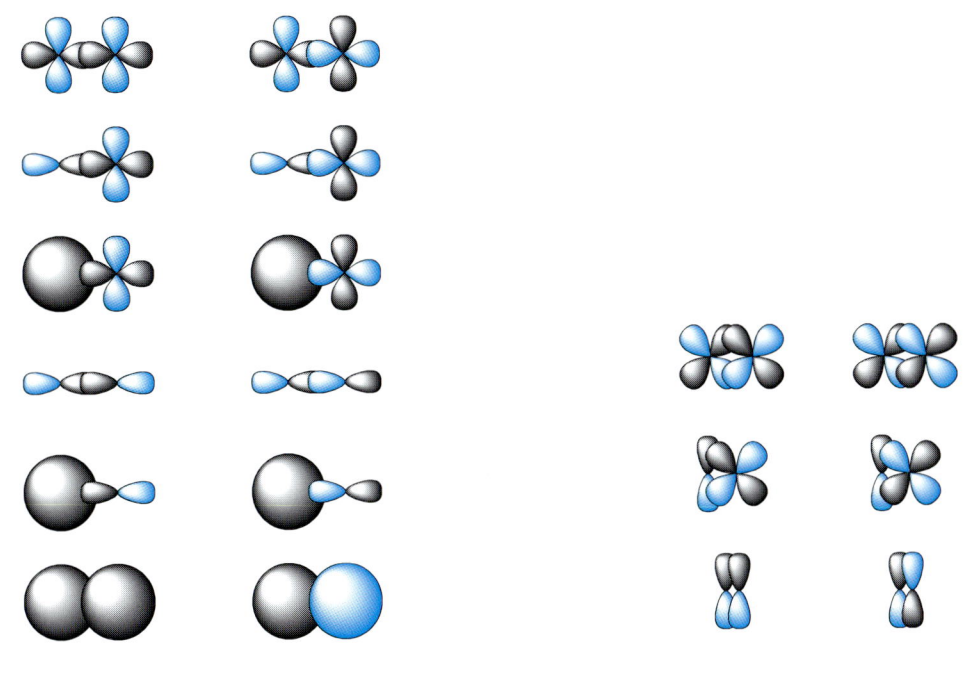

図 7・3　σ性分子軌道の構築

結合性 π 軌道　　反結合性 π 軌道

図 7・4　π性分子軌道の構築

p–p, p–d, d–d の重なりにより構築される。

　もう一つの方法は分子軌道のエネルギーを示すものであり，2個の原子軌道のエネルギー準位を横線で示し，これらの軌道が結合した結果生じる分子軌道のエネルギー準位を2個の原子軌道の間に横線で示す。さらに，元の原子軌道と生成分子軌道を線で結ぶ。相互作用をする原子軌道の数と形成される分子軌道の数（**結合性軌道**と**反結合性軌道**の和）は同じ2個である。

反結合性軌道
antibonding orbital

　軌道のエネルギー準位を用いる表現は，結合性相互作用がエネルギーの低い安定軌道を生み，反結合性相互作用がエネルギーの高い不安定軌道を生むことをエネルギーの高さで表す。同じ原子から成る**等核二原子分子**では，両原子のAOは同じ準位になるが，原子が異なる**異核二原子分子**の場合は，電気陰性度の大きい原子のAOが低いエネルギー準位にくる。いずれの場合も，両方のAOの相互作用により，結合性分子軌道のエネルギー準位が低い位置になり，反結合性分子軌道のエネルギー位置が高くなる。異核二原子分子においては，電気陰性度の小さい原子から大きい原子に電子が移行するので，結合に対するイオン性の寄与が生ずる。

　軌道のエネルギー準位を用いた，原子Aと原子Bの相互作用の関係を図7・5に示す。

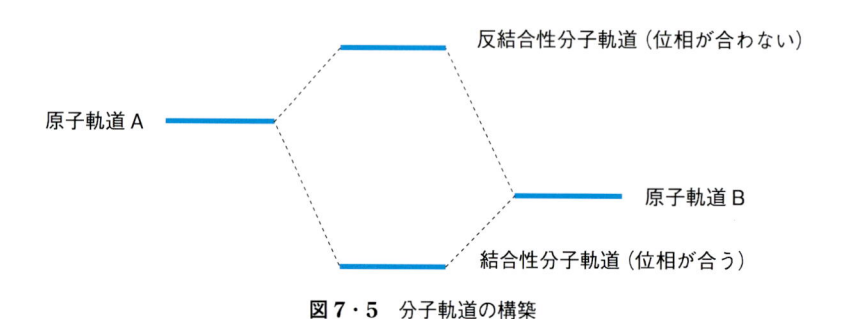

図7・5　分子軌道の構築

　このように分子軌道を組み立てて結合を明らかにするためには，まず空間的に重なり合うことのできる原子軌道から位相の合った結合性軌道と位相が合わない反結合性軌道を形成する。その後エネルギー的に低い軌道から順に電子を詰めていく。パウリの原理に従い，各分子軌道は最大2個の電子を収容できる。同じエネルギー準位の軌道が複数ある場合には，フントの規則に従い，全ての軌道に電子が1個ずつ平行スピンで詰まり，次の電子は既に充填されている電子とスピンを逆平行にして対になる。この原則は原子軌道の充填順序と同じである。

　水素分子 H_2 は2個の水素原子Hの1s軌道の相互作用の結果，結合

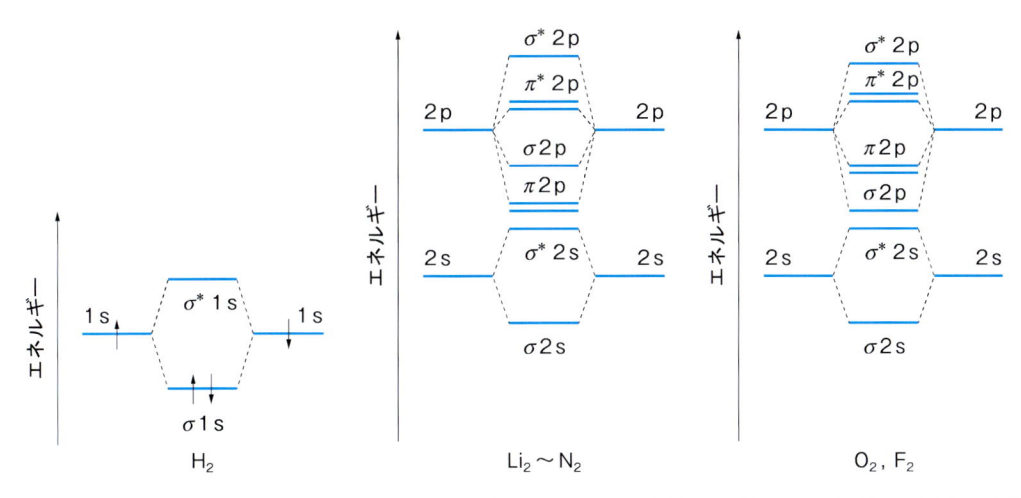

図7・6 第1周期と第2周期の元素の原子軌道の重なりによる結合性分子軌道と反結合性分子軌道の形成

性σ軌道と反結合性σ*軌道ができ，2個の電子はσ軌道に入る（図7・6左）。結合性軌道のエネルギー準位は原子軌道のエネルギー準位より低いので，水素分子が安定化する。第2周期のLiからNまでの原子の価電子はLi ($2s$)，Be ($2s^2$)，B ($2s^2 2p$)，C ($2s^2 2p^2$)，N ($2s^2 2p^3$) であるので，等核二原子分子における分子軌道には，下からLi (2個)，Be (4個)，B (6個)，C (8個)，N (10個) の電子が充填される（図7・6中）。たとえば，窒素分子N_2では2電子ずつが対になってσ2p軌道までを占有する。酸素分子O_2とフッ素分子F_2では，2sと2pのエネルギー差が大きいため，2s軌道と2p軌道の相互作用が減少し，π2p軌道とσ2p軌道の準位が逆転する。酸素分子の価電子は12個になり，縮退しているπ*2p軌道のそれぞれに1個ずつの電子が入る（フントの規則に従う）。フッ素分子においては，14個の電子がπ*2p軌道までを充填する（図7・6右）。分子軌道の準位と数を考慮しながら，安定な軌道から電子を詰めていくことにより，それぞれの分子の電子構造が明らかになるので，試してみるとよい。

非共有電子対（孤立電子対ともいう）を持つ分子や**不対電子**を持つ**遊離基**[*3] では，原子間の結合に関与しない電子が入る非結合性軌道が現れる。

非共有電子対　lone pair
不対電子　unpaired electron

*3　遊離基 (free radical)
　不対電子を持つ分子または原子を遊離基，フリーラジカルあるいはラジカルという。一般に不安定であり単離できるものは少なく，しばしば反応中間体として想定される。

非結合性軌道
non-bonding orbital

7・2　結合次数

2個の水素原子Hは水素分子H_2を形成するが，2個のヘリウム原子Heはヘリウム分子He_2を形成しない。このことを，電子対の分子軌道占有という観点から考えてみよう。H_2分子では2個の水素原子軌道から結合性軌道と反結合性軌道が1個ずつでき，2個の電子は安定な結合

性軌道に入り H-H 間に単結合が生じる．2 個のヘリウム原子軌道からも結合性軌道と反結合性軌道ができるが，電子が 4 個あるので，両方の軌道に 2 個ずつ入る．このことは，2 個の電子が結合性軌道に入ることによる安定化と，残りの 2 個の電子が反結合性軌道に入ることよる不安定化が相殺されることを意味する．その結果ヘリウム原子間には結合が生じない．原子間の**結合次数**を

結合次数　bond order

$$\text{結合次数} = \{(\text{結合性 MO の電子数}) - (\text{反結合性 MO の電子数})\}/2$$

で定義すると，

$$\text{水素分子の結合次数} = (2-0)/2 = 1 \quad \text{単結合}$$

$$\text{ヘリウム分子の結合次数} = (2-2)/2 = 0 \quad \text{結合なし}$$

という結果になる．同様に他の原子の結合についても結合次数を計算できる．

7・3　ヒュッケル近似

2 個の原子から成る分子の分子軌道を式 (7-1) のように原子軌道の 1 次結合で表すとき，各原子の軌道の重なりの程度は**重なり積分** S で評価する．ここで $d\tau$ は体積要素であり，全空間にわたり積分することを示す．

重なり積分　overlap integral

$$S = \int \chi_A \chi_B d\tau \tag{7-2}$$

式 (7-1) の係数 C_A と C_B を決める系統的な方法を**変分原理**と呼ぶ．この方法を用いると，エネルギー E が極小になる分子軌道を連立方程式 (7-3) により求めることができる．

変分原理　variation principle

$$\left. \begin{array}{l} (\alpha_A - E)C_A + (\beta - ES)C_B = 0 \\ (\beta - ES)C_A + (\alpha_B - E)C_B = 0 \end{array} \right\} \tag{7-3}$$

ここで，電子が A 原子上の軌道 χ_A を占めたときのエネルギーを α_A，B 原子上の軌道 χ_B を占めたときのエネルギーを α_B とする．これらのパラメーターを**クーロン積分**という．またパラメーター β を**共鳴積分**という．連立方程式 (7-3) の係数の行列式 (7-4) が 0 であればエネルギー E が求められる．式 (7-4) を式 (7-3) の永年方程式と呼ぶ．

クーロン積分
Coulomb integral
共鳴積分　resonance integral
永年方程式　secular equation

$$\begin{vmatrix} \alpha_A - E & \beta - ES \\ \beta - ES & \alpha_B - E \end{vmatrix} = 0 \tag{7-4}$$

$\alpha_A = \alpha_B = \alpha$ として行列式を展開すると[*4]

$$(\alpha - E)^2 - (\beta - ES)^2 = 0$$

になり，この方程式を解くと，

$$\alpha - E = \pm(\beta - ES)$$

$$E_\pm = \frac{\alpha \pm \beta}{1 \pm S}$$

*4　式 (7-4) の解法
$\begin{vmatrix} A & B \\ C & D \end{vmatrix} = AD - BC$ を 2 行 2 列の行列式の展開という．$\alpha_A = \alpha_B = \alpha$ の場合は，$(\alpha - E)^2 - (\beta - ES)^2 = 0$ である．

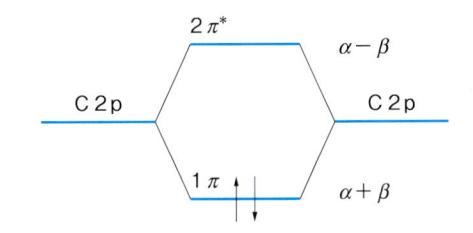

図 7・7 エテン（エチレン）の π 電子系の分子軌道

となる。

ヒュッケル近似[*5] はブタジエンやベンゼンのような共役ポリエンの π 軌道とエネルギーを計算するための初歩的な方法であり，π 分子軌道のエネルギー準位図を作成できる。共役分子構造の基になるエテン（エチレン）については，ヒュッケル近似から，

$$\begin{vmatrix} \alpha - E & \beta \\ \beta & \alpha - E \end{vmatrix} = 0$$

となり，方程式の根は

$$E_{\pm} = \alpha \pm \beta$$

である。炭素原子の 2p 軌道から成る π 軌道のエネルギー準位を図 7・7 に示す。2 個の π 電子が 1π 軌道を占有する。エテンの**最高被占分子軌道**（HOMO）は 1π 軌道であり，**最低空分子軌道**（LUMO）は 2π* 軌道である。**HOMO** と **LUMO** は福井謙一（1981 年ノーベル化学賞受賞）が提唱した**フロンティア軌道**[*6] である。

環状共役 π 系の典型であるベンゼンに関するヒュッケル近似から求めたエネルギー準位は

$$E = \alpha \pm 2\beta,\ \alpha \pm \beta,\ \alpha \pm \beta$$

になるので，エネルギー準位は図 7・8 のように表される。6 個の π 電子はエネルギーの低い 3 個の軌道を占有する。ここでは e_{1g} 軌道が HOMO，e_{2u} 軌道が LUMO である。分子軌道の記号の a と b は縮退していない軌道を，また e は二重縮退の軌道を表し，下付き記号は軌道の対称性を表すものである。

7・4 混成軌道

原子軌道の重なりによる分子軌道の形成には，結合に関与する原子軌道のローブが分子における原子間結合方向を向いていることが必要である。たとえば，メタンにおける 4 本の C–H 結合は炭素原子の周りに正四面体方向にあり，結合角は 109.5° である。炭素原子の 2s 軌道は球状であるので，あらゆる方向の結合に適するが，2p 軌道は 3 本の座標軸

ヒュッケル　E. Hückel
*5 ヒュッケル近似
1) 全ての重なり積分 S を $S = 0$ とする，2) 隣接しない原子間の共鳴積分 β を $\beta = 0$ とする，3) 残りの全ての共鳴積分を β とするのがヒュッケル近似である。

最高被占分子軌道
highest occupied molecular orbital
最低空分子軌道
lowest unoccupied molecular orbital

*6 フロンティア軌道（frontier orbital）
フロンティア軌道は化学反応に際して特別な役割をする分子軌道の名称である。最も反応性の高い電子が占める HOMO とその電子を最も受け入れやすい LUMO が，あたかも米国開拓の最先端に位置したフロンティアになぞらえられることから命名されたものと思われる。分子において，そのような軌道が存在する位置の反応性が最も高くなる。

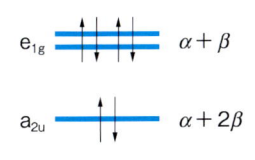

図 7・8 ベンゼンの π 電子系の分子軌道

方向にあるので，結合方向とは向きが違う。

分子軌道法以前に使われた**原子価結合法**[*7]では，共有結合の数と方向性を実際の分子と同じにするために，もとの軌道と空間分布の異なる**混成軌道**をつくる。つまり混成軌道は，同一原子の異種軌道の混成で方向性が強化された軌道のことである。炭素原子の $2s^2 2p^2$ 基底電子配置では，不対電子が2個のp軌道にしかないので2本の結合しか形成できない。価電子のうち1個の2s電子を2p軌道に**昇位**することにより，$2s2p^3$ の電子配置にすると4個の不対電子ができる。これらの軌道は1/4のs性と3/4のp性を持つ**sp^3 混成軌道**になり，正四面体方向を向いた4本の共有結合をつくれるようになる。分子軌道法的な考えを加味すると，2s軌道と2p軌道の組み合わせから混成軌道をつくるときに，2s軌道の位相が2p軌道の位相と合う部分と合わない部分があるので，混成軌道におけるローブの片方が他方より大きくなり，それぞれの位相が反対になる。この様子を図7・9に示す。大きな位相部分をC-H結合の正四面体方向に向けた4本の sp^3 混成軌道が炭素原子周りにできて，これらが水素原子の1s軌道と位相を合わせて重なることになる。

次にエテン（エチレン）$CH_2=CH_2$ の構造を見ると，H-C-H角が117.8°であり，120°に近い。2本のC-H結合と1本のC-C結合の形成に適した混成軌道は，炭素原子の2s軌道と $2p_x$ 軌道，$2p_y$ 軌道の3個の軌道を組み合わせてできる，互いに結合角が120°になる等価な3個の **sp^2 混成軌道**である（図7・10）。これらの軌道のs性は1/3，p性は2/3である。残りの p_z 軌道は隣の炭素原子の p_z 軌道と π 結合をつくる。この結果C-C間の結合は1本の σ 結合と1本の π 結合から成る**二重結合**になる。

エチン（アセチレン）$CH\equiv CH$ は直線状の構造の分子であり，炭素の

*7 **原子価結合法**
　　（valence-bond theory）
　原子軌道にある電子のスピン対形成により形成される分子中の各結合を明らかにする方法である。メタン，エチレン，アセチレンなどの有機化合物における結合と分子構造を説明するための混成軌道と，ベンゼンなどの共役二重結合を説明するための共鳴の概念を導入した。現在でも共有結合の方向性などを考察するのに有用であるが，定量的な計算には汎用性のある分子軌道法が用いられる。

混成軌道　hybrid orbital
混成　hybridization
昇位　promotion

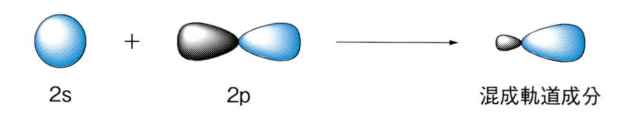

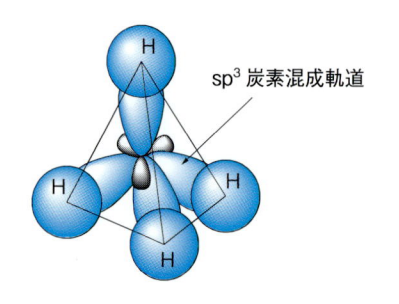

図7・9　炭素 sp^3 混成軌道形成と水素s軌道の重なりによるメタンの生成

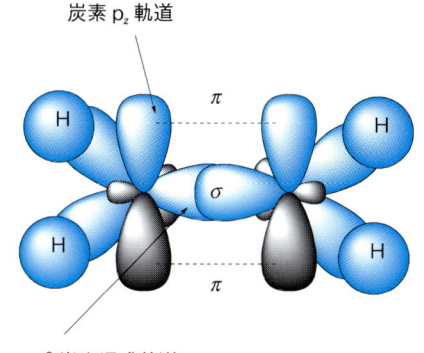

図 7・10 炭素 sp² 混成軌道の形成と水素 s 軌道との重なりによるエテンの生成

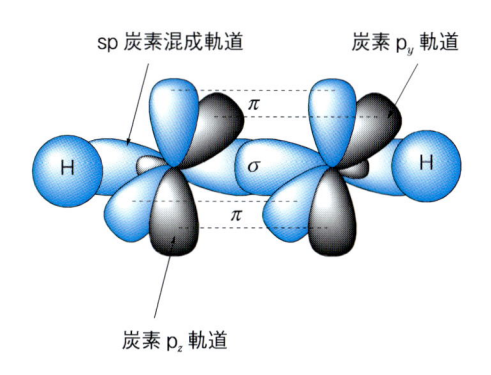

図 7・11 炭素 sp 混成軌道の形成と水素 s 軌道との重なりによるエチンの生成

2s 軌道と 2p$_x$ 軌道から 1 本の C–H 結合と 1 本の C–C 結合に適した **sp 混成軌道** ができる。2p$_y$ 軌道と 2p$_z$ 軌道は炭素原子間の π 結合に使われる（図 7・11）。この結果 C–C 間の結合は 1 本の σ 結合と 2 本の π 結合から成る **三重結合** になる。

混成軌道の考え方は炭素原子に限定されず，他の原子にも適用できる。たとえば，水素化ホウ素陰イオン BH$_4^-$，アンモニウム陽イオン NH$_4^+$ も四面体構造であるので，ホウ素や窒素原子において 2s 軌道と

メタン（CH$_4$）

最も単純な炭化水素であり，炭素に 4 個の水素が正四面体状に結合した構造を持つ。常温，常圧で無色，無臭の気体で毒性はない。沸点 −162 ℃ で，大量に輸送する場合はパイプラインによるか，液化してタンクで運ぶ。都市ガスとして一般に使用されているが，日本ではほぼ全量輸入に頼り，液化天然ガス（LNG）として特殊なタンカーでガス化基地まで輸送する。これを再びガスに戻す際の冷熱を隣接する石油化学工場のエチレン液化や冷却水の代替に使用する。

化学工業の原料としては，メタンを高温水蒸気と反応させ一酸化炭素と水素の混合ガス（合成ガス）に変換して用いる。これからメタノール，ホルムアルデヒド，ギ酸，シアン化水素，ハロゲン化メタンなどを合成できる。

ガス田からの天然ガス以外に，近年頁岩（シェール）層からも生産できるようになり，非在来型天然ガス資源と呼ばれる。アメリカ合衆国では，1990 年代から新しい天然ガス資源として重要視され大規模に開発が進められつつあり，メタンの価格が大幅に下落してきた。他の国にも大量のシェールガスが埋蔵されているとされる。また，メタンハイドレートと呼ばれる，メタンが水に包摂された物質が深海や永久凍土地帯に大量にあるので，これからメタンを取り出すことも計画されている。しかし，メタンは二酸化炭素以上に強力な地球温暖化ガスであるので，メタンを無制御に発生させることは避けなければならない。

生ごみや下水にメタン産生菌を作用させてバイオガスを得る試みも実用化されつつある。

2p 軌道が混成して，四面体方向に出た sp³ 混成軌道が形成されると考えると都合がよい．またアンモニア NH₃ は 3 本の N–H 結合しかないが，その方向はほぼ四面体方向であり，非共有電子対の方向が 4 本目の sp³ 混成軌道方向になる．

演習問題

7・1 窒素分子における価電子の分子軌道充填図をつくり，窒素原子間の結合次数を計算せよ．

7・2 酸素分子における HOMO はどの軌道か．

7・3 混成軌道の考え方で，BF₃ の構造を説明せよ．

7・4 フッ素分子 F_2 の分子軌道を F の原子軌道から構築し，それらに価電子を充填せよ．

7・5 非結合性軌道とはどのような軌道か．

7・6 HF の分子軌道図を H と F の原子軌道から構築せよ．

7・7 CO の分子軌道図を C と O の原子軌道から構築せよ．

7・8 ベンゼンの σ 結合による骨格構造を炭素の sp² 混成軌道を用いて図示せよ．

第8章 化学結合

原子が集まると原子間に引力が生じ，化学結合により単体や化合物が生成する．化学結合の種類は原子の種類や固有の性質に依存するので，性質の大きさや正負を表す数値的因子があると便利である．これらは大きく分けて，立体的因子と電子的因子である．立体的因子に関しては原子半径とイオン半径が有用である．電子的因子を表すのに最適なものは電気陰性度である．構成原子の電気陰性度の差が大きい場合はイオン結合，差が小さい場合は共有結合，金属単体の場合は金属結合が形成される．

8·1　原子半径

　原子の電子分布は，原子核から離れるに従って指数関数的に減少するがゼロにはならないので，正確な原子半径を決め難い．そこで実験で求められる原子間距離を基にして原子半径を求める．金属元素の**金属半径**は固体金属中の最近接原子間の距離の半分として定義され，非金属元素の**共有結合半径**は同一元素の分子の原子間距離の半分として定義される．これら二つを合わせて**原子半径**と呼ぶ．たとえば金属リチウムでは最近接リチウム原子間の距離が 314 pm であるので，リチウムの原子半径は 157 pm であり，塩素分子 Cl_2 においては塩素原子間の距離が 198 pm であるので，塩素の原子半径は 99 pm である．周期表で見ると，原子半径は同じ周期であれば右に行くほど小さくなり，同じ族では下に行くほど大きくなる（表 8·1）．特に注目すべきことは，F から Na，Cl から K のように周期が変わると急に半径が大きくなることである．d‒

金属半径　metallic radius

共有結合半径　covalent radius

原子半径　atomic radius

表 8·1　原子半径/pm

		族						
		1	2	13	14	15	16	17
周期	2	Li 157	Be 112	B 88	C 77	N 74	O 73	F 72
	3	Na 191	Mg 160	Al 143	Si 118	P 110	S 104	Cl 99
	4	K 235	Ca 197	Ga 153	Ge 122	As 121	Se 117	Br 114
	5	Rb 250	Sr 215	In 167	Sn 158	Sb 141	Te 137	I 133
	6	Cs 272	Ba 224	Tl 171	Pb 175	Bi 182	Po 167	

ブロックならびに f-ブロック元素の金属半径についても同様に計算されている。原子半径の値は文献によりかなり差があることに留意しなければならない。

8・2 イオン半径

イオン半径は，イオン性化合物における隣接イオン間の距離から基準イオン半径を引いたものとする。イオン性化合物のイオン間距離を陽イオンと陰イオンにどのように振り分けるかが問題になる。基準イオン半径として化合物の種類が多い酸化物において O^{2-} イオンの半径を 140 pm とし[*1]，相手陽イオンの半径を求めたものがよく用いられる。陽イオン半径が求まると，今度は相手陰イオン半径が陰陽イオン間距離から計算できる。この方式をできるだけ多くのイオン性化合物について求め，実験値と計算値が全体的によく一致するような組を元素のイオン半径としている。基準陰イオン半径に任意性があることと，反対電荷のイオンの配位数が大きくなるほど原子間距離も大きくなることに留意しなければならない。したがって構造的特徴をイオン半径の観点から議論する場合は，同じ配位数の化合物について，同一基準から算出したイオン半径の組を使用しなければ誤った結論を導くことになる。

陰イオン半径が原子半径に比べてかなり大きいのは，電子が増加すると電子間の反発が増すのと，有効核電荷 $Z_{eff}e$（6・1節参照）が減少するためである。また陽イオン半径が小さくなるのは，電子間反発が減り，$Z_{eff}e$ が増加するためである。

イオン半径　ionic radius

[*1] O^{2-} のイオン半径
X線構造解析で測定された多数の 6 配位酸化物における陽イオンと酸素イオン間距離を，全体で矛盾がないようにする最適な O^{2-} 半径を提案した R. D. Shannon と C. T. Prewitt の論文 (1969) が基になっている。

表 8・2　イオン半径/pm（括弧内の数値は配位数）

周期		族						
		1	2	13	14	15	16	17
	2	Li^+ (6) 76	Be^{2+} (4) 27	B^{3+} (4) 11	C	N^{3-} 146	O^{2-} (6) 140	F^- (6) 133
	3	Na^+ (6) 102	Mg^{2+} (6) 72	Al^{3+} (6) 53	Si	P^{3-} 212	S^{2-} (6) 184	Cl^- (6) 181
	4	K^+ (6) 138	Ca^{2+} (6) 100	Ga^{3+} (6) 62	Ge	As^{3-} 222	Se^{2-} (6) 198	Br^- (6) 196
	5	Rb^+ (6) 152	Sr^{2+} (6) 118	In^{3+} (6) 79	Sn^{2+} (6) 83	Sb	Te^{2-} (6) 221	I^- (6) 220
	6	Cs^+ (6) 167	Ba^{2+} (6) 149	Tl^{3+} 88	Pb	Bi	Po	At

8・3 電気陰性度

原子間に結合が形成されるときに，原子が電子を引き付ける能力の尺度を**電気陰性度**という。電気陰性度の概念と数値は，最初（1932年）にポーリングが分子間のエネルギーに基づくものとして提案した。すなわち，A原子とB原子間の電気陰性度 χ の差を，**結合解離エネルギー**（/kJ mol^{-1}）D を用いて，

$$|\chi_A - \chi_B| = 0.102\sqrt{D(A-B) - \sqrt{D(A-A) \times D(B-B)}} \quad (8\text{-}1)$$

で表せるとした。この定義における各原子の数値は，フッ素Fの電気陰性度を $\chi_F = 4.0$ とする相対値である。マリケンは電気陰性度を，原子から電子を除去するのに必要なエネルギーである**イオン化エネルギー**（/eV）I と，原子に電子を付加するときに放出されるエネルギーである**電子親和力**（/eV）E_{ea} の平均として定義した。これは直接に原子の属性に基づく定義である。

$$\chi_M = \frac{1}{2}(I + E_{ea}) \quad (8\text{-}2)$$

オールレッド-ロコウの定義は，原子の有効原子番号 Z_{eff} と共有結合半径（/pm）r に依存する数値 χ_{AR} である。

$$\chi_{AR} = 0.744 + \frac{3590 \times Z_{eff}}{r^2} \quad (8\text{-}3)$$

その後，量子化学計算により，絶対的数値を算出する試みがなされてきたが，細かい差を無視すると，オールレッド-ロコウあるいはポーリングの数値が普通の目的に適している。主要族元素の電気陰性度 χ_{AR} を**表8・3**に示す。電気陰性度は周期表の右上の方向に向けて高くなり，

電気陰性度　electronegativity
ポーリング　L. Pauling
結合解離エネルギー　bond dissociation energy

マリケン　R. S. Mulliken
イオン化エネルギー　ionization energy
電子親和力　electron affinity

オールレッド-ロコウ　A. L. Allred, E. G. Rochow

表8・3 電気陰性度（オールレッド-ロコウの値）

		族						
		1	2	13	14	15	16	17
周期	1	H 2.20						
	2	Li 0.97	Be 1.47	B 2.01	C 2.50	N 3.07	O 3.50	F 4.10
	3	Na 1.01	Mg 1.23	Al 1.47	Si 1.74	P 2.06	S 2.44	Cl 2.83
	4	K 0.91	Ca 1.04	Ga 1.82	Ge 2.02	As 2.20	Se 2.48	Br 2.74
	5	Rb 0.89	Sr 0.99	In 1.49	Sn 1.72	Sb 1.82	Te 2.01	I 2.21
	6	Cs 0.86	Ba 0.97	Tl 1.44	Pb 1.55	Bi 1.67	Po	At

左下の方向に向けて低くなる。第2周期17族のフッ素の値4.10が最高で，第6周期1族のセシウムの値0.86が最低である。この値から分かるようにフッ素は最も陰イオンになりやすく，セシウムは最も陽イオンになり易い。水素2.20, 炭素2.50, 窒素3.07, 酸素3.50, 塩素2.83の値は，有機化学において非常に重要であるので記憶しておくと便利である。3族から12族のd-ブロック元素の電気陰性度はおおむね1.5から2.2であり，13族元素の値に近い。

結合，構造，反応において化合物による差が生ずる根源的理由を求めていくと，結局元素の電子を引き付ける能力，すなわち電気陰性度に行き着くことになる。しかしながら，電気陰性度は定義により数値が異なるので，十分注意して使用すべきである。特に小さな差に大きな意味を付与すべきではない。

8・4 イオン結合

電気陰性度が小さい元素は電子を放出して**陽イオン**になり易く，大きな元素は電子を受け取り**陰イオン**になり易い。これは電子構造から考えても納得できる。たとえばナトリウムの電子構造は $[Ne]3s^1$ であるので，電子を失うとネオンの貴ガス構造になり，塩素の電子構造は $[Ne]3s^23p^5$ であるので，電子を受け取るとアルゴンの貴ガス構造になる。この結果生ずる Na^+ と Cl^- が互いに静電的引力により結合することにより安定化する。イオン結合は反対電荷を持つ陽イオンと陰イオン間の静電的引力による結合である。静電的引力あるいは斥力（反発力）は電荷を持つ物体間に働く力 F であり，電荷の大きさ q_1 と q_2 の積に比例し，物体間の距離 r の2乗に反比例する。これは**クーロンの法則**であり，式 (8-4) で表される。金属元素，特にs-ブロック金属と非金属元素間に生ずる結合の多くはこの種の結合である。

クーロンの法則
Coulomb's law

$$F = \frac{q_1 q_2}{4\pi\varepsilon_0 r^2} \quad (8\text{-}4)$$

ここで，q_1 と q_2 は C（クーロン）を単位に，r は m（メートル）を単位に用いている。ε_0 は真空の誘電率である（表0・5参照）。

ルイスは，**イオン結合**が形成される場合の価電子の行方を原子間の点で示した。たとえば，ナトリウム原子と塩素原子から塩化ナトリウムが生成するときには，

ルイス　G. N. Lewis

$$\text{Na}\cdot + \cdot\ddot{\underset{..}{\text{Cl}}}: \longrightarrow \text{Na}^+[:\ddot{\underset{..}{\text{Cl}}}:]^-$$

のように表す。塩化ナトリウムは常温，常圧では分子ではなく結晶であり，第9章に記述するようにナトリウム陽イオンと塩素陰イオンが交互

塩化ナトリウム (NaCl)

　一般には食塩と呼ばれる塩化ナトリウムは，動物の生存に必須のナトリウムイオンと塩素イオンを供給する化合物であり，人類は古くから食物とともに入手に苦労した。人体に必須であるばかりでなく，食物の保存用にも必要である。言うまでもなく海水に高濃度で含まれるが，海岸から遠く岩塩も産出しない地域の住民にとって，食塩は重要な交易品であった。我が国では昔は塩田で天日製塩していたが，現在はイオン交換膜濃縮法で製造される食用塩と，オーストラリア，メキシコ，中国などから輸入される工業用の岩塩が用いられる。塩化ナトリウムは水酸化ナトリウムと塩素の原料として，全ての化学工業の基幹物質である。基本的には塩化ナトリウム水溶液の電気分解により製造し，電解槽の種類として水銀法，隔膜法，イオン交換膜法がある。以前は水銀法が用いられていたが，水銀汚染による水俣病の原因になり，日本では全て廃止されイオン交換膜法が主流になっている。

　塩化ナトリウムは融点 800 °C の岩塩型イオン結晶を形成し，25 °C で 1 dm^3 の水に 360 g 溶解する。溶解度の温度依存性は比較的小さいので，温度差による再結晶は効率が悪い。固体状態では絶縁体であるが，溶融すると電気を通す。水溶液は中性で伝導性である。大抵の食品に添加されているので摂取しすぎると高血圧の原因となる。胃がんのもとにもなるとの説もある。塩化ナトリウムの結晶は赤外線分光器のプリズム，試料窓，レンズなどに使用されている。

に無限に配列した構造を有するので，このように単純化はできない。しかしルイスのやり方で価電子移行の状態は十分に表されている。同様に II 価になるカルシウムの場合は，

$$\cdot \text{Ca} \cdot \;+\; 2\, \cdot \!\ddot{\underset{\cdot\cdot}{\text{Cl}}}\!: \;\longrightarrow\; [:\!\ddot{\underset{\cdot\cdot}{\text{Cl}}}\!:]^- \text{Ca}^{2+} [:\!\ddot{\underset{\cdot\cdot}{\text{Cl}}}\!:]^-$$

のように価電子の行方を示すことができる。

8・5　共有結合とルイス構造

　イオン結合は陰陽イオン間の静電引力で説明できるが，電気陰性度が同じあるいは近い値の元素間の結合はどのように理解され，図式的に表現できるのであろうか。ルイスは，原子間で 1 対の電子を共有することにより**共有結合**が形成されることを提案した。最も単純な分子としては水素分子 H$_2$ がある。水素原子 H は 1 個の電子を持っており，2 個の水素原子が近づくと対を形成して水素原子間に陰イオン領域ができ，これが水素陽イオンと引き合うので結合ができると考えた。その様子は，電子を点で示すか電子対を棒(価標という)で示すことにより，

$$\text{H} \cdot \;+\; \cdot \text{H} \;\longrightarrow\; \text{H}:\text{H} \quad \text{あるいは} \quad \text{H}-\text{H}$$

のように表現し，どちらの原子も電子を完全に授受するまでに至っていないけれども，引力は生ずるとした。水素分子の場合は，それぞれの水素原子の周りに 2 個の電子が存在し，電子数のみ考慮すると貴ガスであ

るヘリウムの電子構造になる。原子状態で1個以上の価電子があるときはどのように考えるのであろうか。これらの場合は，やはり貴ガスの電子構造である8個の電子が，結合する原子のそれぞれの周りに存在するようになる。ルイスはこれを**オクテット則**（八偶説ともいう）と呼んだ。つまり，原子は価電子対を共有することにより共有結合を形成する。たとえば塩素分子の場合は，

$$:\ddot{Cl}\cdot + \cdot\ddot{Cl}: \longrightarrow :\ddot{Cl}:\ddot{Cl}: \quad あるいは \quad Cl-Cl$$

となる。この場合も水素分子と同様に原子間には電子対が存在し，その負電荷と塩素の原子核の陽電荷が引き合う。あるいは電子を交換することによる交換エネルギーが引力の基になる。

多原子分子の場合も同様に，各原子が2個ずつの電子を共有して周りに2個（水素）か8個（炭素）の電子を持つようにする。たとえばメタン CH_4 においては，

$$\cdot\ddot{C}\cdot + 4H\cdot \longrightarrow H:\overset{H}{\underset{H}{\ddot{C}}}:H \quad あるいは \quad H-\overset{H}{\underset{H}{\overset{|}{C}}}-H$$

と書く。エタン C_2H_6，エテン（エチレン）C_2H_4，エチン（アセチレン）C_2H_2 の**ルイス構造**はそれぞれ，

$$\overset{H}{\underset{H}{\ddot{H:C}}}:\overset{H}{\underset{H}{\ddot{C:H}}} \quad あるいは \quad H-\overset{H}{\underset{H}{\overset{|}{C}}}-\overset{H}{\underset{H}{\overset{|}{C}}}-H$$

$$\overset{H}{\underset{H}{\ddot{C}}}::\overset{H}{\underset{H}{\ddot{C}}} \quad あるいは \quad \overset{H}{\underset{H}{C}}=\overset{H}{\underset{H}{C}}$$

$$H:C:::C:H \quad あるいは \quad H-C\equiv C-H$$

のように表す。エタンの炭素原子間は単結合，エテンの炭素原子間は二重結合，エチンの炭素原子間は三重結合である。また，結合次数が1次，2次，3次とも言われる。

ルイス構造式は描くのが単純でない場合も多い。次にいくつかの化合物のルイス構造式を挙げてみる。

H_2O $H:\ddot{O}:H$ あるいは $H-\ddot{O}-H$

CO_2 $:\ddot{O}::C::\ddot{O}:$ あるいは $:\ddot{O}=C=\ddot{O}:$

HCN $H:C:::N:$ あるいは $H-C\equiv N:$

8・6　金属結合

固体金属においては，規則的に配列した金属陽イオンの周りを**自由電子**の"海"が取り囲んでいる。金属原子が配列する結合力を**金属結合**と呼んでおり，この特殊な電子構造のために，金属特有の金属光沢，延性，展性，電気伝導性，熱伝導性などが生ずる。特に電気伝導性は，金属の物性の中で，構造材としての優れた性質とともに最も重要で応用範囲が広いものである。電気伝導は電荷が電子によって運ばれることによって起こる。歴史的な理由により，電流と電子の移動方向は逆向きになっているので注意しなければならない。**金属的伝導性**の特徴の一つは，温度上昇に従い電気抵抗が増加することである[*2]。

普通の分子の場合，N 個の原子が分子を形成すると N 個の分子軌道ができる。金属でも原理的には同じであるが，金属性を発現するために N が非常に大きい数になる（アボガドロ数の単位）。数個の原子軌道からエネルギー準位が分離した数個の分子軌道ができる場合と比べ，金属の'分子軌道'は互いに非常に近接しており，ほとんど連続的な**バンド**を形成する。たとえば，N 個のナトリウム原子から成る金属ナトリウムでは，1 個の価電子が 3s 軌道にあるので，N 個の'分子軌道'のうち半分の $N/2$ が**価電子バンド**と呼ばれる結合性軌道，$N/2$ が**伝導バンド**と呼ばれる空の反結合性軌道であり，$N/2$ の価電子バンドを N 個の電子が占有する。二つのバンドのエネルギー差を**バンドギャップ**と呼ぶ。**フェルミ準位** ε_F は両バンドの中央付近の，電子が存在する確率が 50 % になる準位である。固体金属の軌道は近接しているのでバンドギャップはほとんどなく，満たされたバンドの上端がフェルミ準位であり，この準位の電子は伝導バンドに容易に励起され自由に動くことにより電流を通す（**図 8・1**）。この自由電子と金属陽イオンの引力が金属結合のもととなっている。電子は導体の中をランダムに運動するとともに，電場方

自由電子　free electron

[*2] **超伝導**
　金属や金属酸化物などの直流電気抵抗が固有の転移温度 T_c 以下で 0 になる現象である。液体ヘリウム温度（4.2 K）で水銀の抵抗値が 0 になることが，1911 年に発見された。常温で超伝導になる物質が合成されれば，送電やモーターなどに革命的変化がおこると期待されている。

フェルミ準位　Fermi level

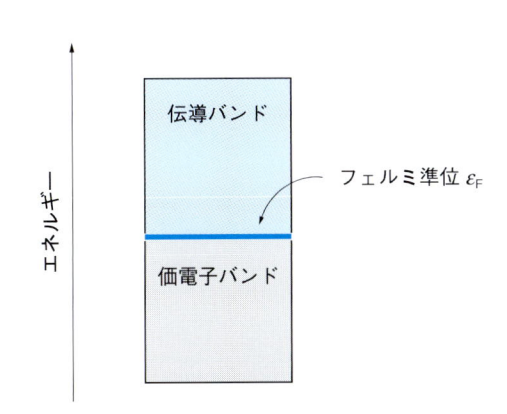

図 8・1　金属のバンドモデル

向にドリフト(移動)する。電子のドリフト速度は驚くほど小さく、$10^{-5} \sim 10^{-4}$ m s^{-1} 程度である。

移動 drift

金属を含む錯体において，金属原子間に金属−金属結合を持つものが相当数知られている。これらの分子性化合物における金属間結合も金属結合と呼ばれることがあるので，金属単体や合金における金属結合と区別しなければならない。

演 習 問 題

8・1 原子半径は一般に同一周期では右に行くほど小さくなり，同一族では下に行くほど大きくなる理由を述べよ。

8・2 クーロンの法則を用いて，HCl 分子の水素陽イオンと塩素陰イオン間に働く静電的引力を計算せよ。ただし，電荷はそれぞれ，$q_1 = 1.602 \times 10^{-19}$ C，$q_2 = -1.602 \times 10^{-19}$ C，イオン間距離 $r = 1.275 \times 10^{-10}$ m，真空の誘電率 $\varepsilon_0 = 8.854 \times 10^{-12}$ F m^{-1} である (F = C^2 N^{-1} m^{-1})。

8・3 NH$_3$ と NO$_2$ のいずれの化合物の結合のイオン結合性が大きいか。また，どちらの原子が陰イオン性になるか。

8・4 炭素原子の共有結合半径が 77 pm，有効核電荷が 3.1 であるとき，炭素の電気陰性度をオールレッド-ロコウの式 (式 8-3) を用いて計算せよ。

8・5 硫酸アンモニウム (NH$_4$)$_2$SO$_4$ のルイス構造式を描け。

8・6 一酸化炭素 CO のルイス構造式を描け。

8・7 イオン化エネルギーを HOMO からの電子励起，電子親和力を LUMO への電子付加の値に近似すると，マリケンの電気陰性度は HOMO と LUMO のエネルギー準位の値を用いて表されることを示せ。

8・8 表 8・2 を用いて，AgX (X = F, Cl, Br, I) のイオン間距離を計算し，実測値/pm Ag−F 247，Ag−Cl 277，Ag−Br 288，Ag−I 304 との差を求めよ。また表 8・3 を用いて，Ag と X の電気陰性度の差を計算せよ。Ag のイオン半径は 126 pm，電気陰性度は 1.42 である。イオン間距離の計算値と実測値の差と電気陰性度の差にどのような関係があるか。またその関係をどのように説明するか。

第9章　固体の結合と構造

　化合物は分子と非分子に分類でき，非分子性の固体物質には結晶と非晶質がある。類似の元素組成であっても，結晶性固体は元素の組み合わせにより様々な構造をとる。原子間の結合性は成分元素の電気陰性度の差に依存し，イオン結合性結晶あるいは共有結合性結晶として，いくつかの典型的構造をとるので，構造型で分類される。陽イオンと陰イオンのイオン半径比が，構造型を決める要因の一つである。単体金属は六方最密充填，立方最密充填，体心立方格子構造をとり，球状の金属原子が規則的に配列する構造である。単体の炭素やリン，硫黄などには数種類の同素体があり，分子性のものと非分子性のものが知られている。固体化合物には組成比が整数とならない多くの不定比化合物が存在し，特異な物性を発現する。

9・1　分子と非分子

　有機化合物は，高分子を除くと化学式から計算できる一定分子量を持つ分子である。無機化合物は，CO_2 のような常温で気体の化合物や H_2O のような液体の化合物以外は，化学式から構造を推定することは困難である。無機化合物の多くは化学式が示す独立の分子ではなく，無限分子量の一次元（鎖），二次元（平面），三次元構造の固体である。これらを分子に対して**非分子**と呼ぶこともある。

　固体単体や固体化合物は，**結晶**と**非晶質**に分類できる。結晶性物質は空間的に周期的な原子配列を持っているので，結晶表面には互いに角度（**面角**）が一定の平面が現れている。**X線回折**を示し，周期性の単位である単位格子や原子配列を決定できる。一方，ガラスのような非晶質物質（**無定形物質**ともいう）では，原子が規則的な空間配列を持たないので定まった面角を持たず，X線回折を示さない。

　結晶性固体の例として，二元系（2種類の元素から成る）金属ヨウ化物 MI を見てみる。ヨウ化金 AuI は鎖状構造，ヨウ化銅 CuI は閃亜鉛鉱構造，ヨウ化ナトリウム NaI は塩化ナトリウム構造，ヨウ化セシウム CsI は塩化セシウム構造であり，金属原子は 2, 4, 6, 8 個のヨウ素と結合して無限に広がる構造をとる。このように，組成のみから構造を推定することは困難である。**単位格子**と呼ばれる構造の最小繰り返し単位でそれらの構造を区別できる（図 9・1）。

　固体単体あるいは固体化合物においては，構成成分である原子やイオンが，イオン結合，共有結合，金属結合によって互いに結ばれている。

非分子
non-molecular compound
結晶　crystalline compound
非晶質　amorphous compound
回折　diffraction

無定形物質
amorphous substance

単位格子　unit cell

塩化ナトリウムなどのイオン性結晶は，金属陽イオンと陰イオンが静電作用により引き合い結晶構造を形成する。炭素単体，赤リン，黒リン，石英などにおいては，構成原子が共有結合網を形成している。無機固体物質でも，黄リン，斜方硫黄，氷のような**分子結晶**は，共有結合分子が弱い**分子間引力**で規則的に集合したものである。金属単体は金属陽イオンが自由電子の作用で金属結合した構造を持つ。

　固体における結合性の違いは構成元素の電気陰性度に依存する。代表的な化合物の名をとって，ある構造型の名称としている。**表9・1**にAX組成，**表9・2**にAX$_2$組成を持つ主な化合物が属する構造型を，各イオンの周りの配位数[*1]とともに挙げる。

表9・1　AX組成結晶型と代表的化合物

塩化ナトリウム構造 6-6配位	塩化セシウム構造 8-8配位	閃亜鉛鉱構造 4-4配位
LiCl　NaCl　KCl RbCl　CsF　AgCl MgO　CaO　FeO	CsCl　CsBr　CsI NH$_4$Cl　NH$_4$Br	ZnS　CuCl BeO

表9・2　AX$_2$組成の結晶型と代表的化合物

蛍石構造 8-4配位	ルチル構造 6-3配位	シリカ構造 4-2配位
CaF$_2$　CuF$_2$ CdF$_2$　ZrO$_2$ CeO$_2$　UO$_2$	MgF$_2$　MnF$_2$ PdF$_2$　SnO$_2$ TiO$_2$　MoO$_2$	SiO$_2$　GeO$_2$

9・2　イオン結晶

　電気陰性度の差が大きい元素の組み合わせでは，電子が電気陰性度の大きい元素に移行して生成する陰イオンと陽イオンが**イオン結晶**を形成する。この型の結晶では，各イオンが安定な電子配置をとるとともに，陰イオンと陽イオンが静電的引力によって交互に配列する。電気陰性度が1.01のナトリウムと2.83の塩素から成る塩化ナトリウムの構造はその代表的なものである。この型の化合物では陽イオンの周りに6個の隣接した陰イオンがあり，また陰イオンの周りには6個の陽イオンがある（このことを6-6配位構造と呼ぶことがある。側注1参照）。イオン性の程度は構成元素の電気陰性度の差の大きいものほど高くなるが，差が小さくなるに従い共有結合性の程度も高まる。

9・3　イオン半径比

　陽イオンを中心として周囲に陰イオンが配位する部分構造をとると，

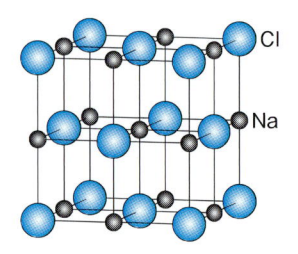

図9・1　代表的イオン結晶の単位格子

塩化ナトリウム構造

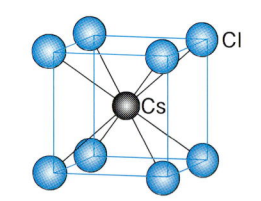

塩化セシウム構造

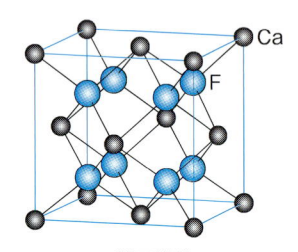

蛍石構造

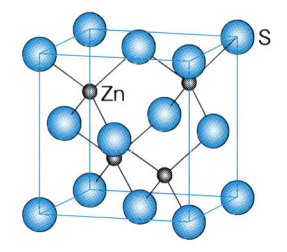

閃亜鉛鉱構造

分子結晶　molecular crystal

[*1] 配位数
　イオン性結晶において最近接の反対荷電イオンの数を配位数と呼ぶ。たとえば塩化ナトリウム構造において，Na$^+$イオンの最近接位置には6個のCl$^-$イオンがあり，逆にCl$^-$イオンの最近接位置には6個のNa$^+$イオンがあるので，6-6配位という。

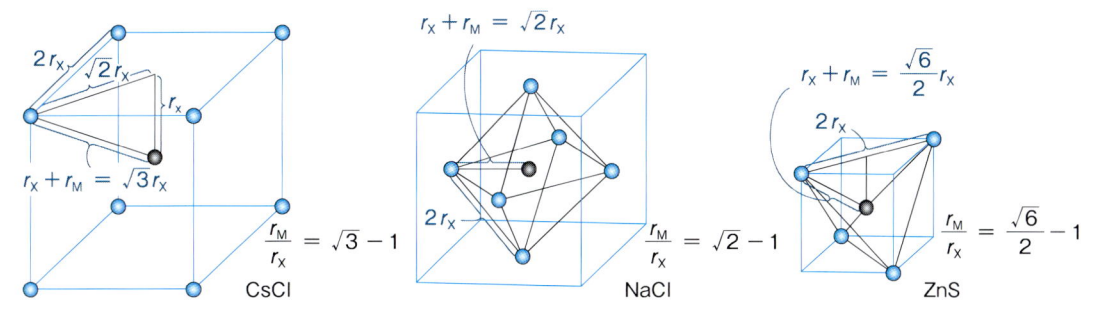

図 9・2 イオン半径比

陰イオンは陽イオンに対し配位多面体[*2]を形成する。陽イオンと陰イオンができるだけ密に接触して静電的に有利になるような配列をするので，陽イオンと陰イオンの**半径比**（図 9・2）が重要な構造決定因子になる。陰イオンは通常陽イオンより半径が大きく，互いに接触しているので，多面体の稜の 1/2 が陰イオン半径 r_X，多面体の中心から多面体頂点への距離が陰イオン半径と陽イオン半径 r_M の和 $r_X + r_M$ となる。

CsCl 構造では配位多面体が立方体，**NaCl 構造**では正八面体，ZnS 構造では正四面体である。それぞれの多面体の中心に金属陽イオンがあるので，これから多面体頂点にある陰イオンへの距離は $\sqrt{3}\,r_X$，$\sqrt{2}\,r_X$，$\frac{\sqrt{6}}{2}r_X$ である。したがって，陽イオン半径と陰イオン半径の比 r_M/r_X は，CsCl 構造では $\sqrt{3}-1 = 0.732$，NaCl 構造では $\sqrt{2}-1 = 0.414$，ZnS 構造では $\frac{\sqrt{6}}{2}-1 = 0.225$ である。これらの半径比以下になると陽イオンと陰イオンが接触しなくなり，構造は不安定化する。このため，半径比が 0.732 以上で CsCl 型，0.732〜0.414 では NaCl 型，0.414〜0.225 では ZnS 型構造をとる例がよく知られている。

*2 配位多面体
中心金属原子あるいはイオンに結合する複数の原子あるいはイオンが形成する多面体（四面体や八面体など）を配位多面体という。配位多面体を構成する原子あるいはイオン間に結合は存在しないが，図面上において線で結ぶと多面体の形になり，空間配置が見易くなるので，無機化合物の構造表現の一種としてしばしば用いられる。

9・4 共有結合結晶

ダイヤモンドを構成する炭素原子は中性であり，炭素間の結合は共有結合である。炭素原子は sp^3（7・4 節参照）混成の等価な 4 本の結合手を四面体方向に持ち，各炭素原子周りには 4 個の炭素原子が四面体状に配列する。結合方向が混成軌道の方向性により限定されるのである。異種の元素から成る二元系の化合物においても，閃亜鉛鉱 ZnS のように結合手が四面体方向に伸びている 4-4 配位の**閃亜鉛鉱構造**をとる。亜鉛（$\chi_{AR} = 1.66$）と硫黄（$\chi_{AR} = 2.44$）は電気陰性度の差 0.78 に対応するイオン性を持っているが，sp^3 混成に近い電子構造をとって共有結合的に

二酸化ケイ素 (SiO$_2$)

　二酸化炭素 CO_2 が常温常圧で気体分子であるのと対照的に，炭素と同族 (14族) 元素のケイ素の二酸化物 SiO_2 は固体でシリカとも呼ばれる。地上で最も豊富な元素であるケイ素と酸素の二成分系化合物であり，他の酸化物と結合しているものも含めると地殻の 60% を占める。ケイ素を中心とする SiO_4 正四面体が酸素原子を介して三次元的に無限に連なる構造を持つ。この基本構造は同じであるが，結合距離や結合角が少しずつ異なる数種の結晶多形が知られる。代表的なものとして石英があり，純粋で大きなものは水晶である。二酸化ケイ素は石英 (quartz)，珪砂，珪石などとして産出するが，いわゆる砂の主成分でもある。準宝石としての水晶や，陶器，ガラス，セメント原料などとして古代から人間の生活に大きなかかわりを持っていた。しかし，現在では人類の生活を一変させた巨大な影響を持っている。最大のものはケイ素半導体の原料としての役割である。二酸化ケイ素を還元して製造したケイ素を超高純度の結晶に成長させ，これを薄い板状に切り出して LSI (大規模集積回路) の基板として用いる。LSI はコンピューターをはじめあらゆる場所で使用される。結晶シリコンあるいはアモルファスシリコンは太陽電池として実用化が進み，発電量に占める比重も増大しつつある。二酸化ケイ素そのものも，通信の中心になっている光ファイバーやクロックとしての水晶素子にも欠かせない重要な素材である。

　化学的な応用としては，二酸化ケイ素を原料として製造するシリコーンポリマーがあり，シリコーンゴム，シリコーン樹脂，シリコーン油などが広く使用されている。さらに近年，含ケイ素有機化合物が有機合成に重要な役割を果たすようになってきた。マイナス効果としては，石英の微粉塵を吸い込むと珪肺になると言われている。

結合しているものと考えられる。また，ケイ素 ($\chi_{AR} = 1.74$) と酸素 ($\chi_{AR} = 3.50$) の電気陰性度の差は 1.76 であるので，二酸化ケイ素 SiO_2 の多形の一つである β-クリストバライトの構造においても，相当なイオン性を持っているとみなせる。しかしこの構造ではケイ素原子を中心として四面体方向に 4 個の酸素原子が共有結合し，酸素は 2 個のケイ素に共有結合している。別の見方をすると，隣接する SiO_4 四面体は頂点の酸素原子を共有し，酸素原子を介して三次元的に無限に結合している構造である (図 9・3)。

　上記のように，イオン性を持った原子から成る結晶においても，必ずしもイオンどうしが静電結合で結合しているわけではない。結合が一定の方向性を持ち本質的に共有結合である場合は共有結合性結晶と言える。結晶のなかでよく見られるこのような原子配列は，sp^3 混成以外には，正方形の頂点に向けられた 4 本の平面性結合をつくる dsp^2 混成と，正八面体の頂点に向けられた 6 本の結合をつくる d^2sp^3 混成などがある (図 9・4)。たとえばルチル (TiO_2) においては，チタンの周りに 6 個の酸素が正八面体状に結合している (図 9・5)。

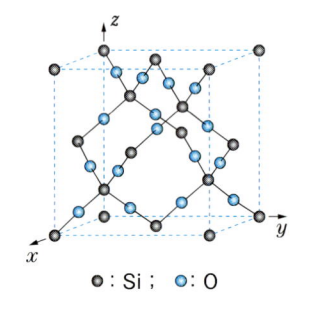

●：Si；●：O

図 9・3　SiO_2 の単位格子

sp   sp²   dsp²

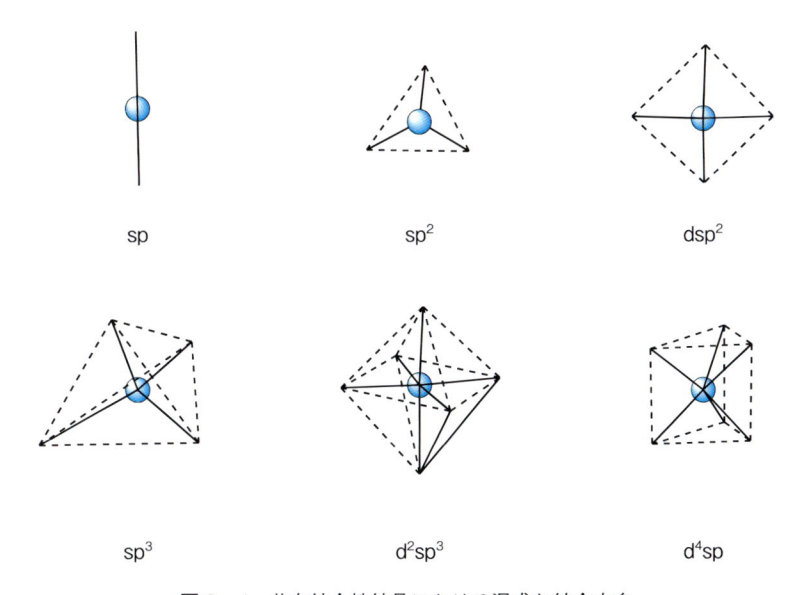

sp³   d²sp³   d⁴sp

図 9・4 共有結合性結晶における混成と結合方向

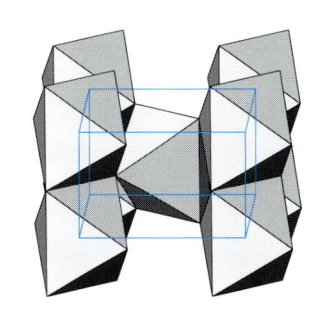

図 9・5 TiO₂ (ルチル構造) の単位格子

9・5 金 属

　金属単体の構造は金属原子の最密充填の観点から理解できる．金属原子を球と考え，互いに密に接触するように並べる．1 つの球の周りに 6 個の球が並ぶ．この二次元配列 (A) の上に金属球の層を重ねていく場合，1 層目に生ずる窪みの上に置くと充填度が最高になり，エネルギー的に安定化する．さらに第 2 層 (B) の上に第 3 層を重ねる場合には二種の可能性があり，第 3 層が第 1 層と重なる ABAB… 配列と，第 1 層，第 2 層いずれにも重ならない ABCABC… 配列がある．ABAB… 形式の充填を**六方最密充填構造** (hcp) (図 9・6) と呼び，マグネシウムや亜鉛単体などがとる構造である．ABCABC… 形式の充填を**立方最密充填構造** (ccp) (図 9・7) と呼び，アルミニウム，銅，銀，金などがこの構造をとる．いずれの場合も各球は 12 個の球で取り囲まれ，互いに 12 配位となる．

六方最密充填構造　hexagonal close-packed structure
立方最密充填構造　cubic close-packed structure

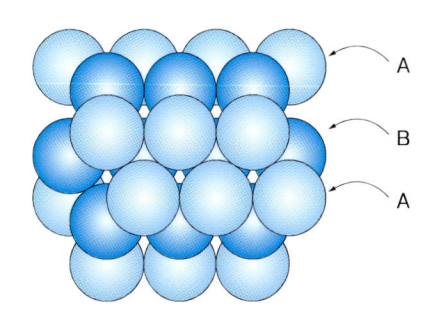

図 9・6 金属原子の六方最密充填

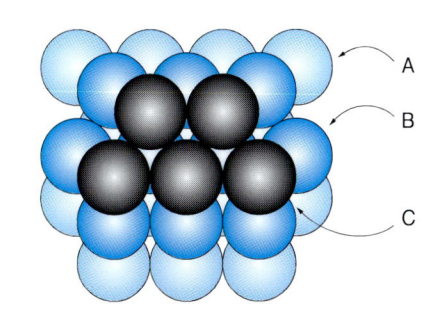

図 9・7 金属原子の立方最密充填

この二つの配列とは異なる**体心立方構造** (bcc)(**図9・8**) をとる金属もある。この構造は最密充填構造ではないので，空間の充填率が低い。鉄，ナトリウム，カリウムなどがこの構造をとる。

体心立方構造
body-centered cubic

9・6　多形と同素体

元素単体や固体化合物は原子やイオンの配列の違いにより異なる構造になることがあり，これを**多形**と呼ぶ。単体の場合は**同素体**ともいわれる。よく知られた例として炭素の，ダイヤモンド，黒鉛（グラファイト），フラーレン，炭素ナノチューブ，グラフェンがある（**図9・9**）。このうち黒鉛とダイヤモンド以外は最近発見されたものである。黒鉛は蜂の巣状に結合した sp^2 炭素の層が重なった構造であり，潤滑性がある。ダイヤモンドは上述のように sp^3 炭素が三次元的に連結した構造であり，最も硬度が大きい物質である。フラーレンは C_{60}，C_{70} などの分子性単体であり，カーボンナノチューブ，グラフェンとともに電気物性などに強い興味が抱かれている。また赤リン，黄リン，黒リン，斜方硫黄，単斜硫黄などの構造も区別される。黄リンは4個のリン原子が四面体状に結合した非常に反応性が高い分子性単体である。

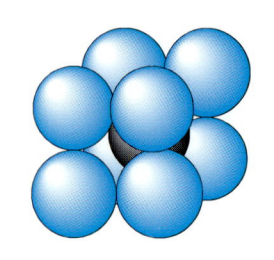

図9・8 体心立方構造

多形　polymorphism
同素体　allotrope
グラファイト　graphite
フラーレン　fullerene
カーボンナノチューブ
carbon nanotube
グラフェン　graphene

ダイヤモンド　　　　　黒鉛（グラファイト）　　　　フラーレン（C_{60}）

カーボンナノチューブ　　　　　　グラフェン

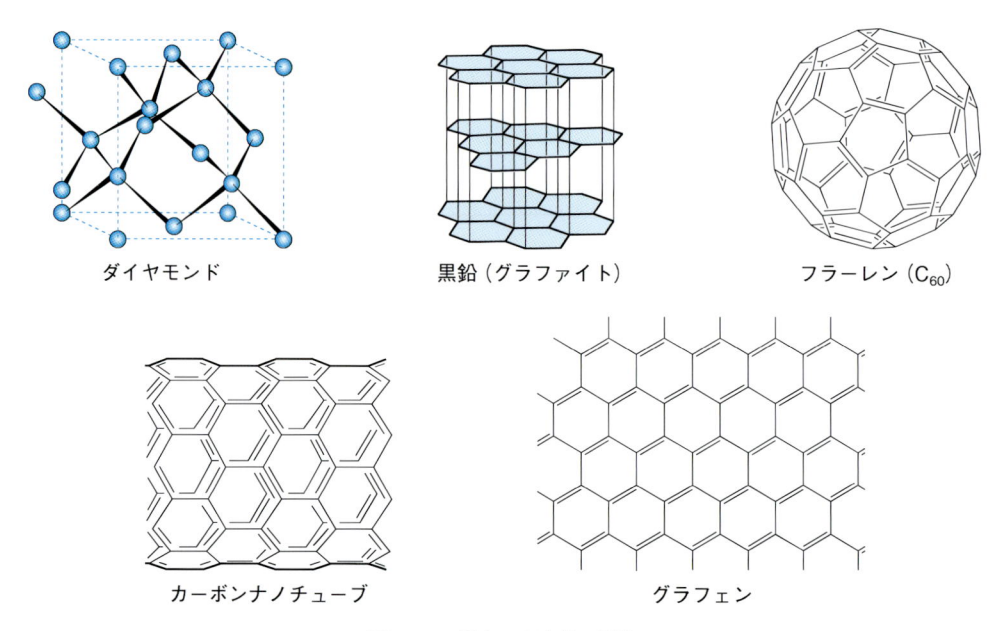

図9・9　炭素の同素体の構造

9・7　不定比化合物

無機固体化合物の中には，構成元素の比率が，僅かではあるがきちんとした整数からずれているものがある。たとえば，一般に FeO と表さ

れる酸化鉄(II)は Fe$_x$O ($x = 0.89 \sim 0.96$ 範囲) の組成である．構造中に鉄イオンが欠けた**格子欠陥**があるために，元素比が整数にならない．電気的には中性でなければならないので，鉄イオン Fe(II) の一部が Fe(III) になり，電荷を補償している．**不定比**という言葉は単純な整数組成を持たないことを意味するのではなく，変動組成を示す言葉である．Fe$_x$O 以外にも Ni$_x$O, Ni$_x$S や Zr$_{0.85}$Ca$_{0.15}$O$_{1.85}$ など多くの化合物がある．これらの化合物を不定比化合物と呼び，電気伝導性，磁性，色，触媒活性などの物性が特異的であるので，非常に重要な材料となる．分子状の有機化合物では元素比が整数であることが当然とされるが，無機固体化合物では元素比が整数から多少ずれた化合物群が存在する．

さらに複雑なことには，大きな整数の元素組成を持つ定比の化合物も存在する．たとえば，W$_{18}$O$_{49}$ とか W$_{20}$O$_{58}$ などであり，これらの元素比は規則的な固体構造からのずれによって説明できる．化学には，化合物構造の解析手段が発達するに従い，より複雑な構造が発見されてきた歴史がある．

格子欠陥　defect

不定比化合物
non-stoichiometric compound

演習問題

9・1 ガラスのような非晶質固体は何故 X 線構造解析に適さないのか．

9・2 塩化ナトリウム NaCl のような固体化合物では，分子量の代わりに式量 58.44 が使われる．分子量と式量の違いは何か．

9・3 塩化ナトリウム型構造の単位格子中に陽イオンと陰イオンがいくつずつ存在するか．

9・4 塩化ナトリウムは何故塩化セシウム構造をとらないのか，イオン半径 (表 8・2) の観点から理由を考察せよ．

9・5 蛍石 CaF$_2$ の単位格子中の Ca 陽イオンと F 陰イオンの数はいくつずつ存在するか．

9・6 炭素の同素体に分子性のものと非分子性のものがある理由は何か．

9・7 石英 SiO$_2$ の構造は，ケイ素の周りに 4 個の酸素が四面体状に結合し，それぞれの酸素は 2 個のケイ素を架橋したものである．この構造を表すのに適した化学式を考えよ．

9・8 酸化鉄 FeO の本当の組成が Fe$_{0.9}$O であるとき，2 価の鉄イオンと 3 価の鉄イオンの割合を求めよ．

II 巨視的化学

—熱力学から見た化学—

-
-
-

　物質の物理的性質や化学的性質は，固体，液体，気体などの巨視的状態における温度，圧力，反応の平衡や速度などを測定することにより明らかにされてきた。化学の進展に従い，理論として次第に形を整え，熱力学が誕生し，種々の状態関数を用いて統一的に化学現象が説明できるようになった。第10章から第14章までは，主として熱力学から見た物質の巨視的化学を記述する。

第10章　熱力学第一法則

　熱力学は19世紀にできた理論であり，物質の巨視的状態における熱的挙動を明らかにし，エネルギーの出入りに注目する。この理論の適用にあたっては，物質の状態をはっきり定義する必要がある。物質系は系と外界に分けられ，さらに系は開放系，閉鎖系，孤立系の3種類に分類される。状態量は系の温度や圧力などの状態のみで決まり，その状態に到達する経路には依存しない。内部エネルギーは状態量の一種として，物質の持つ全てのエネルギーを表し，仕事と熱の和になる。その絶対量を知ることはできないが，始状態と終状態の値の差は測定できる。熱力学第一法則は孤立系の内部エネルギーは保存されることを示す。圧力一定条件下の熱量はエンタルピーで表される。生成エンタルピー，結合エンタルピー，反応エンタルピーなどの種類がある。

• • • • •

10・1　系と外界

　原子や分子から成る物質は一般に**系**と呼ばれ，系と接触することにより物質やエネルギーの交換をするものを**外界**と呼ぶ（図10・1）。たとえば，フラスコに入った溶液を系とすると，これを温める水浴が外界である。系は 1) **開放系**（外界と物質，エネルギーの両者を交換できる蓋のないフラスコに入った物質のようなもの），2) **閉鎖系**（外界とエネルギーは交換できるが，物質は交換できない蓋があるフラスコに入った物質のようなもの），3) **孤立系**（外界と物質もエネルギーも交換できない断熱した蓋つきのフラスコに入った物質のようなもの）の3種に分類できる。系と外界を合わせたものを**宇宙**と呼び，以下に記述する熱力学第一法則ならびに熱力学第二法則（第11章）において問題にする全エネルギーや全エントロピーは，宇宙（系＋外界）が有する値を意味する。

　熱力学では物質系のエネルギーの出入りに注目し，系に入るエネルギーを正，系から出るエネルギーを負で示す。

10・2　状　態　量

　系の状態は物質の温度，圧力，体積，質量，密度により決まる。体積や質量など系の大きさで変わる性質は**示量性物理量**，温度や圧力など系の大きさによらない性質は**示強性物理量**である（0・1節参照）。系の状態を指定すれば一つに決まり，その状態に到達する経路に無関係な量を**状態量**という。状態量の変化は，始状態と終状態だけで決まる。

　状態量を登山の例で比喩的に表現すると，標高のようなものである。

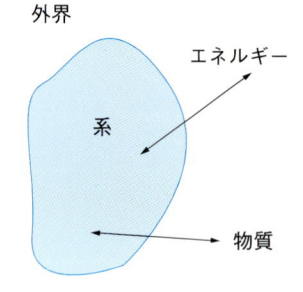

宇宙　＝　系　＋　外界

図10・1　系と外界（系に入るエネルギーを正とする）

系　　system
外界　surroundings
開放系　open system
閉鎖系　closed system
孤立系　isolated system
宇宙　universe

状態　state

複数の登山路のいずれを登っても，最終的には山頂に到達する。険しくて短い登山路でもゆるくて長い登山路でも，山麓と山頂における位置エネルギーは同じである。つまり，位置エネルギーは登山経路に依存せず標高にのみ依存するので，標高が状態量の一種とも言える。到達経路に依存しない状態を表す関数を**状態関数**といい，熱力学では各種の状態関数が主役を演ずる。

状態関数　state function

10・3　内部エネルギー

エネルギーは仕事をする能力であり，熱，電力，原子力，水力などのエネルギー形態を変換しても，エネルギーは保存される。運動エネルギーと位置エネルギーを中心として学ぶ物理に対して，化学では化学変化に伴うエネルギーの出入り，とりわけ化学反応前後の熱エネルギーの収支に注目する。産業革命期の蒸気機関の開発において，熱効率の向上が求められ，熱力学と呼ばれる理論が生まれた。熱力学は熱効率の問題だけではなく，化学反応の方向性についても確固とした指針を与えるものとして19世紀に確立し，20世紀の理論である量子力学とともに現代化学の中心理論となった。量子力学は電子，原子，分子の微視的世界を扱うが，微視的世界が明らかにされる以前に生まれ完成された熱力学は，気体，液体，固体の巨視的現象を明らかにするものである。したがって，とりあえず原子や分子の微視的粒子の挙動を考慮しなくてもよい。現在では原子レベルの微視的粒子の性質からも巨視的性質が解明されるようになっているが，本書では扱わない。熱力学はかなり面倒な数学的取り扱いも含むものの，原理的な部分をしっかり理解すれば，定性的取り扱いに限定しても非常に有用である。そのためには，いくつかの概念をきちんと理解する必要がある。

内部エネルギー U は，試料中の全原子と全分子の化学エネルギー，電子エネルギー，核エネルギー，運動エネルギー，位置エネルギーなどのエネルギーの和である。内部エネルギーは物質が仕事 w をおこない，熱 q を供給する能力を表す。ここで**仕事**とは，系が外部からの押す力に抗して動くときに起こるエネルギー移行であり，**熱**は温度差のために起こるエネルギー移行である。内部エネルギーは状態関数であるので，ある状態に至る経路に依存しない。内部エネルギーの絶対量は測定できないが，始状態の内部エネルギー U_i と終状態の内部エネルギー U_f の差 $\Delta U = U_f - U_i$ は測定可能な量であり意味を持つ。この量は系の仕事と熱の絶対量の和

$$\Delta U = w + q \tag{10-1}$$

になるが，仕事，熱それぞれは経路に依存するので状態関数ではない。

内部エネルギー
internal energy

仕事は圧力と体積変化の積であるので，体積一定 $\Delta V = 0$ の条件下では $w = -p\Delta V = 0$ となり，内部エネルギーの変化は q に等しくなる。仕事と熱はエネルギーとしては等価であり，それらは次の関係で換算できる。圧力 $Pa = m^{-1} kg\, s^{-2}$，体積 m^3，エネルギー $J = m^2 kg\, s^{-2}$ であるので，下式のようになる。

$$Pa\, m^3 = (m^{-1} kg\, s^{-2})(m^3) = m^2 kg\, s^{-2} = J$$

10・4 熱力学第一法則

孤立系ではエネルギーの出入りがないので内部エネルギーは一定に保たれる。すなわち，

$$\Delta U = 0 \qquad (10\text{-}2)$$

となる。これを**エネルギー保存則**あるいは**熱力学第一法則**と呼ぶ。系自体が全く変化しないのではなく，仕事と熱が互いに打ち消しあって変化がゼロになるのである。

熱力学第一法則　first law of thermodynamics

10・5 エンタルピー

体積一定の実験条件より，圧力一定の条件の方が実現し易い。**エンタルピー** H として次の量を定義する。

$$H = U + pV \qquad (10\text{-}3)$$

ここで $\Delta H = \Delta U + p\Delta V + V\Delta p$ となるが，圧力一定の条件下 ($\Delta p = 0$) のエンタルピー変化は

$$\begin{aligned}\Delta H &= \Delta U + p\Delta V \\ &= w + q + p\Delta V \\ &= (-p\Delta V) + q + p\Delta V \\ &= q\end{aligned}$$

エンタルピー　enthalpy

となり，このことから，定圧下のエンタルピー変化は系に流入する熱量に等しいことが分かる。通常の化学反応は定圧下でおこなわれるので，発熱反応のエンタルピー変化は負の値に，吸熱反応のエンタルピー変化は正の値になる。**発熱的**という言葉は反応過程で $\Delta H < 0$ の場合に用い，この場合は系から外界に熱が放出される。**吸熱的**という言葉は $\Delta H > 0$ の場合であり，外界から系に熱が吸収される（図 10・2）。熱化学方程式では**発熱反応**の熱量を正，**吸熱反応**の熱量を負と定めているので，エンタルピー変化とは正負が逆になることに留意しなければならない。

発熱的　exothermic
吸熱的　endothermic

反応エンタルピー　$\Delta_{rxn} H$

エンタルピーも内部エネルギーと同様に状態量であるので，**始状態** H_i と**終状態** H_f の値の差 $H_f - H_i$ がエンタルピー変化 ΔH になる。化

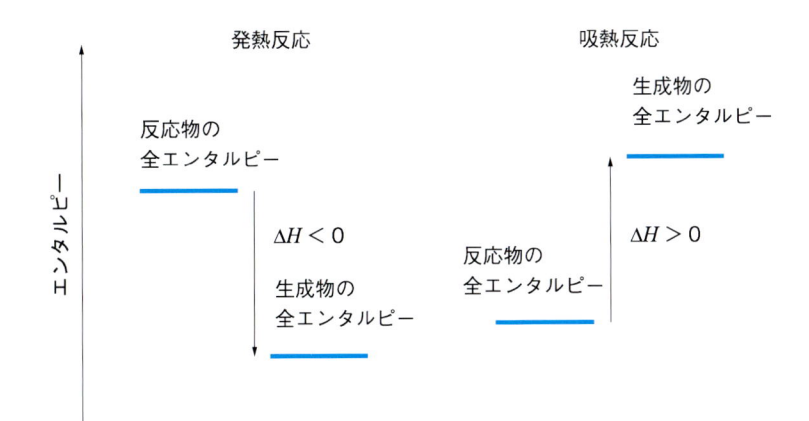

図 10・2 発熱反応と吸熱反応におけるエンタルピー変化

学変化では反応前後のエンタルピー変化 $\Delta_{rxn}H$（rxn は reaction を意味する）は

$$\Delta_{rxn}H = H(\text{生成物}) - H(\text{反応物}) \qquad (10\text{-}4)$$

となる。

相変化エンタルピー $\Delta_{fus}H$, $\Delta_{vap}H$

一定圧力下の相の変化（すなわち 固体 ⇄ 液体，液体 ⇄ 気体，固体 ⇄ 気体 の状態変化）に伴う熱の出入りはエンタルピー変化の一種である。

融解熱 $\Delta_{fus}H$ は m g あたりで表す場合と n mol あたりで表す場合があり，それぞれ $q = m\Delta_{fus}H$ J g^{-1} か $q = n\Delta_{fus}H$ J mol^{-1} であり，水の融解熱は融点において 334 J g^{-1} あるいは 6.01 kJ mol^{-1} である。

融解熱　heat of fusion

蒸発熱 も同様に $q = m\Delta_{vap}H$ J g^{-1} あるいは $q = n\Delta_{vap}H$ J mol^{-1} で表す。水の蒸発熱は沸点において 2260 J g^{-1} あるいは 40.7 kJ mol^{-1}（標準状態では 44 kJ mol^{-1}）である。化合物の相変化に伴い熱の出入りがあるので，反応物あるいは生成物が固体，液体，気体のいずれの状態であるかを明確にしておかねばならない。それぞれの状態を括弧内に s（固体），l（液体），g（気体）と記す。特に水の場合に，液体の水か気体の水であるかに十分注意しなければならない。炭素の場合には標準状態は黒鉛である。

蒸発熱　heat of vaporization

生成エンタルピー $\Delta_f H$

生成反応は標準状態にある単体から反応物を生成する反応である。たとえば，水素ガスと酸素ガスから水（液体）をつくる反応，

$$H_2(g) + 1/2\,O_2(g) \longrightarrow H_2O(l)$$

や，黒鉛，水素ガス，酸素ガスからグルコース（固体）をつくる反応，

$$6\,C(s) + 6\,H_2(g) + 3\,O_2(g) \longrightarrow C_6H_{12}O_6(s)$$

生成反応　formation reaction

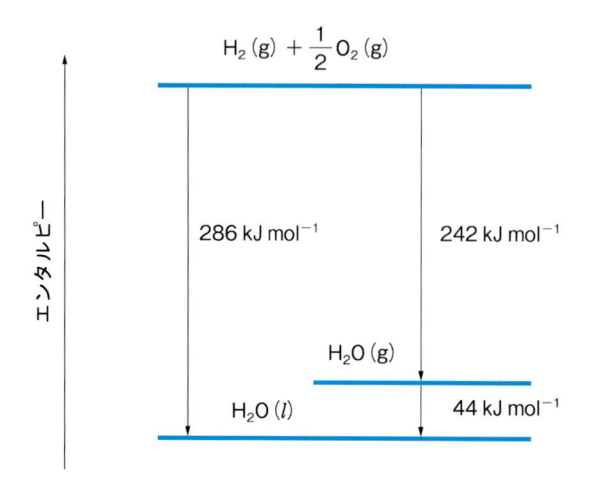

図 10・3 水素ガスと酸素ガスの反応による水の生成におけるエンタルピー変化

表 10・1 化合物の生成エンタルピー

化合物	$\Delta_f H°$/kJ mol^{-1}
CO (g)	−110.5
CO$_2$ (g)	−393.5
H$_2$O (g)	−241.8
H$_2$O (l)	−285.8
NH$_3$ (g)	−45.9
MgO (s)	−601.6
NaCl (s)	−385.9
CH$_4$ (g)	−74.9
CH$_3$OH (l)	−238.4
C$_2$H$_6$ (g)	−83.8
C$_2$H$_5$OH (l)	−277.0
C$_6$H$_6$ (l)	48.9
C$_6$H$_{12}$O$_6$ (s)	−1277

などは生成反応である。

水素ガスと酸素ガスから水が生成する反応で，気体の水 H$_2$O (g) と液体の水 H$_2$O (l) の関係は，標準状態においては**図 10・3**のようになる。

標準状態とは通常 1 bar (10^5 Pa，1 atm = 101325 Pa であるのでほぼ 1 atm に等しい)，25 ℃ (298.15 K) である。生成反応のエンタルピー変化 $\Delta_f H$ を生成エンタルピーあるいは生成熱と呼び，単体の標準状態を基準にしている場合 $\Delta_f H°$ と表す。標準状態にある単体の生成エンタルピー $\Delta_f H°$ はゼロと定義されている。いくつかの簡単な化合物の生成エンタルピーを**表 10・1**に示す。

結合エンタルピー　$\Delta_B H$

化学結合の強さは結合エンタルピー $\Delta_B H$ で示される。これは気体状の分子において結合が切断されるときに要する熱量 kJ mol^{-1} に負号をつけたものである。つまり解離状態より分子状態の方が安定であることを表している。共有結合が切断される場合，結合解離に伴い，結合している各原子が同数の電子を受け取るホモリシスを起こし原子状になると仮定している。いくつかの二原子分子の結合エンタルピーを**表 10・2**にあげる。H$_2$ のような単結合分子より O$_2$ のような二重結合分子，N$_2$ のような三重結合分子の方が結合エンタルピーは大きくなることが分かる。結合エンタルピーが大きいほど一般に反応性が低くなる。

生成エンタルピー　enthalpy of formation
生成熱　heat of formation
ホモリシス　homolysis

表 10・2 二原子分子の結合エンタルピー

分子	$\Delta_B H$/kJ mol^{-1}
H$_2$	−436
N$_2$	−944
O$_2$	−496
F$_2$	−158
Cl$_2$	−242
Br$_2$	−193
I$_2$	−151
HF	−565
HCl	−431
HBr	−366
HI	−299
CO	−1074

10・6　ヘスの法則

エンタルピーは状態量であるので，反応のエンタルピー変化は反応経

路に依存せず，反応前後の物質の状態により決まる．したがって，未知の化学反応を既知の化学反応の組み合せで表し，反応式の代数的（足し算，引き算）計算により未知反応のエンタルピー変化を求めることができる．これが**ヘスの法則**であり，実測が困難なエンタルピー変化でも既知の経路のエンタルピー変化を用いて計算できる．既知反応として生成反応を利用すれば，注目する未知反応のエンタルピー変化（反応熱）を簡単に求められる．

ヘスの法則　Hess's law

$$\Delta_{rxn}H = \sum \Delta_f H(\text{生成物}) - \sum \Delta_f H(\text{反応物}) \quad (10\text{-}5)$$

たとえば，グルコースの燃焼反応

$$C_6H_{12}O_6(s) + 6\,O_2(g) \longrightarrow 6\,CO_2(g) + 6\,H_2O(l)$$

の場合は $CO_2(g)$，$H_2O(l)$ およびグルコース（$C_6H_{12}O_6$）の生成反応の生成エンタルピー（表 10・1）を用いて計算する．

$$\begin{aligned}
\Delta_{rxn}H &= 6 \times (-393.5\,\text{kJ mol}^{-1}) + 6 \times (-285.8\,\text{kJ mol}^{-1}) \\
&\quad - (-1277\,\text{kJ mol}^{-1}) \\
&= -2361\,\text{kJ mol}^{-1} - 1715\,\text{kJ mol}^{-1} + 1277\,\text{kJ mol}^{-1} \\
&= -2799\,\text{kJ mol}^{-1}
\end{aligned}$$

このエンタルピー関係を図示すると**図 10・4**のようになる．

二酸化炭素（CO_2）

炭酸ガスとも呼ばれる二酸化炭素の最大の重要性は，光合成において水との反応により，炭水化物を合成するとともに大気中に酸素を供給することである．年間に地球全体で固定される二酸化炭素は約 10^{14} kg，貯蔵されるエネルギーは 10^{18} kJ と見積もられる．植物として固定される量は世界の穀物生産量の約 50 倍であり，エネルギー量は世界で年間に生産される原油の約 2000 倍にもなる．二酸化炭素が地球温暖化の最大原因物質とする説が有力であるが，光合成に不可欠の物質であることは忘れられがちである．

常温常圧では二酸化炭素は無色無臭の気体であり，1 気圧，$-79\,°C$ で固体（ドライアイス）になる．昇温すれば液体を経ずに昇華して気体になる．液化するには $-56.6\,°C$（5.2 atm）と $31.1\,°C$（72.9 atm）の間の条件にしなければならない．無色無臭で無毒ガスと思われているものの，空気中の濃度が 3〜4％ を超えると致死量となるので気をつけるべきである．石灰水に通すと炭酸カルシウムが沈殿して溶液が白濁する性質は，理科の実験でおなじみである．水溶液の炭酸水は弱酸性を示し，飲料に用いられる．ドライアイスとして日常や化学実験に用いられるが，工業的には加工に使用する炭酸ガスレーザーや医療用のレーザーメス用としても重要性が高い．フロン系冷媒の代替としても一部使用され始めた．化学工業ではホルムアルデヒドや酢酸製造原料として用いられ，水素との反応によるメタノール合成原料として大規模に使用することも検討されている．採算が合えば，回収した二酸化炭素の有効利用法の一つとして，温暖化ガスの減量に役立つものと期待される．

80　第10章　熱力学第一法則

```
6C(s) + 6H₂(g) + 9O₂(g)
1277 kJ mol⁻¹
           C₆H₁₂O₆(s) + 6O₂(g)   2361 kJ mol⁻¹
                        6CO₂(g) + 3O₂(g) + 6H₂(g)
2799 kJ mol⁻¹           1715 kJ mol⁻¹
                        6CO₂(g) + 6H₂O(l)
```

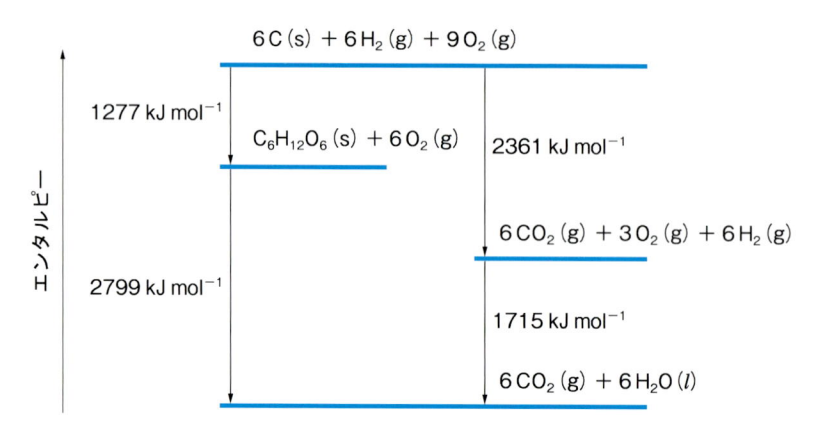

図 10・4　グルコースの生成と燃焼のエンタルピー関係

10・7　熱容量

一定体積の下での内部エネルギーの温度による変化量は**定容熱容量** C_V と呼ばれ，系全体の物質量に比例する示量性の量である．考える温度範囲 ΔT でこの値が一定と見なせる場合は，内部エネルギー変化は

$$\Delta U = C_V \Delta T \quad (10\text{-}6)$$

である．熱容量を質量で割った値は，**比熱容量**あるいは**比熱** c と言い，その単位は $\mathrm{J\,g^{-1}\,K^{-1}}$ である．

一定圧力下のエンタルピー変化についても同様な関係があり，**定圧熱容量** C_p が定義される．もしこの値が一定と見なせる場合は，エンタルピー変化は

$$\Delta H = C_p \Delta T \quad (10\text{-}7)$$

である．液体や固体の場合は体積変化は少ないので，定容比熱と定圧比熱の差はほとんどないが，気体では差が大きい．身の回りにある物質の比熱を**表 10・3** にあげる．ここで注目すべきは，水の比熱容量が突出して大きいことと，その値 $4.184\,\mathrm{J\,g^{-1}\,K^{-1}}$ が熱量の単位の**カロリー**（cal）であることである．物理化学ではカロリー単位はほとんど使用しない．

比熱　specific heat

表 10・3　身の回りの物質の比熱

物質	比熱 $c/\mathrm{J\,g^{-1}\,K^{-1}}$
Al (s)	0.901
Cu (s)	0.385
C₂H₅OH (l)	2.42
Fe (s)	0.452
H₂O (s)	2.06
H₂O (l)	4.184
Hg (l)	0.138
NaCl (s)	0.864

演習問題

10・1 ある気体の体積が外圧 1.5×10^5 Pa に抗して 4.00×10^{-3} m³ から 6.00×10^{-3} m³ に変化し,同時に 1000 J の熱を吸収するとき,内部エネルギー変化 ΔU はいくらか。

10・2 (1) および (2) の熱化学方程式を用いて,アンモニアの生成熱を求めよ。

$$\text{H}_2(\text{g}) + 1/2\,\text{O}_2(\text{g}) = \text{H}_2\text{O}(l) + 286\,\text{kJ} \tag{1}$$

$$2\,\text{NH}_3(\text{g}) + 3/2\,\text{O}_2(\text{g}) = \text{N}_2(\text{g}) + 3\,\text{H}_2\text{O}(l) + 766\,\text{kJ} \tag{2}$$

10・3 酸化マグネシウム MgO と二酸化炭素 CO_2 の反応による炭酸マグネシウム $MgCO_3$ の生成反応の $\Delta_{\text{rxn}}H°$ を求めよ。ただし,標準生成エンタルピー $\Delta_f H°/\text{kJ mol}^{-1}$ は,MgO -601.7, CO_2 -393.5, $MgCO_3$ -1095.8 である。

10・4 温度 25.0 ℃ の水 70.0 g を沸騰させるのに,181.5 kJ の熱を要した。沸点 100 ℃ における水のモル蒸発エンタルピーを求めよ。

10・5 銅の塊 10.20 g を 25.2 ℃ から 152.1 ℃ まで加熱した。銅の比熱を $0.385\,\text{J g}^{-1}\,\text{K}^{-1}$ とすると,何 J の熱を加えたことになるか。

10・6 宇宙 (系 + 外界) は開放系,閉鎖系,孤立系のいずれであるかを,理由とともに述べよ。

10・7 系の内部エネルギーと宇宙の内部エネルギーの違いを述べよ。

10・8 反応のエンタルピー変化を求めるのに,生成物の生成エンタルピーの和から反応物の生成エンタルピーの和を引けばよいのは何故か。

第11章　熱力学第二法則

　化学反応には，自発的に進行するものと自発的には進行しないものがある．自発性を決めるものはエントロピーという状態量であり，秩序性の指標である．反応は系と外界を合わせた宇宙のエントロピーが増大する方向に自発的に進行する．化学的定義は，「系に加えられた熱量を温度で割った商」がエントロピー変化である．ボルツマンによるエントロピーの定義は，「粒子がとることができる等エネルギーのミクロ状態の対数にボルツマン定数を掛けた値」である．ギブズエネルギーはエンタルピーとエントロピーの関数であり，やはり状態量である．ギブズエネルギー変化が負になるときに反応は自発的に進行する．ギブズエネルギー変化がゼロでは反応は化学平衡に到達する．熱機関の効率は高温部の熱源と低温部の'流し（シンク）'の温度のみによって決まる．

• • • • •

11・1　エントロピー

　過程には**自発的過程**と**非自発的過程**がある．自発的過程は自然に起こる過程であり，非自発的過程は外部からの作用（熱，仕事など）があって初めて進行する過程である．自発的過程はエネルギーと物質の秩序がより乱れる方向にのみ起こることが経験的に知られている．たとえば，異なる温度の物質を接触すると，熱はより熱い物質からより冷たい物質に流れ，熱い物質の温度が下がり冷たい物質の温度が上がるが，その逆は決して起こらない．また容器に閉じ込めた気体は容器の蓋を開ければ自然に外に拡散するが，圧力をかけなければ容積は減少しない．化学反応にも，反応式のどちらの方向に自発的に進行するかを判断する基準が必要である．

　熱力学の誕生以前には，発熱反応は系のエネルギーを減少させるので自発的に進行するが，吸熱反応は系のエネルギーが増加するので自発的に進行しないと信じられていた．しかしながら，水は熱を加えると自発的に蒸発するし，硝酸アンモニウムの結晶は水から熱を奪って自発的に溶解する．いずれも系のエネルギーは高くなる．このように多くの自発的に進行する吸熱反応が知られるようになると，系の内部エネルギー変化やエンタルピー変化の正負からは反応の自発性を判断できないことが分かってきた．そこで考えられたのは，秩序性の指標である**エントロピー** S という熱力学的量である．秩序性が低いほどエントロピーは大きい．「自発的過程は秩序性が低くなり，エントロピーが増加するときにのみ起こる」というのが**熱力学第二法則**である．ここでのエントロピー

流し　sink
自発的過程
spontaneous process
非自発的過程
nonspontaneous process

エントロピー　entropy

熱力学第二法則　second law of thermodynamics

増加は

$$\Delta S_{univ} = \Delta S_{sys} + \Delta S_{surr} > 0 \qquad (11\text{-}1)$$

すなわち，系 (ΔS_{sys}) と外界 (ΔS_{surr}) を合わせた宇宙 (ΔS_{univ}) (10・1節参照) の全エントロピー増加であり，これが自発過程をもたらすことである．系のみに注目すると，あたかもエントロピー減少にもかかわらず系の自発的変化が起こっているように見えることがある．たとえば，水を冷却すると自発的に氷に変化するが，その際，氷における水分子の秩序性は水における水分子の秩序性より高くなり，エントロピーは減少するように考えられる．実は凝固熱のために，外界 (冷却材) のエントロピー増加が氷結する水 (系) のエントロピー減少以上になるので，系と外界を合わせたエントロピーは増加するのである．

熱力学的エントロピー変化 ΔS の定義は，可逆的に加えられた熱を熱移行の際の温度で割った値であり，その単位は $J\,K^{-1}$，またモルあたりでは $J\,K^{-1}\,mol^{-1}$ となる．

ベンゼン (C_6H_6)

ベンゼンは融点 5.6 ℃，沸点 80.1 ℃ の無色で芳香性，引火性の高い液体である．sp^2 混成の 6 個の炭素原子が 6 員環を形成して，炭素原子間は非局在化した二重結合で結ばれている．各炭素原子に 1 個の水素原子が結合している．芳香族化合物の基本をなし，その形から亀甲分子と呼ばれることもある．1825 年に電磁気学で有名なファラデー (M. Faraday) が初めて発見した．この種の化合物が有機化合物の中で特異的で大きな群をつくることが次第に明らかになり，ホフマン (A. Hofmann) がそれらの香りから芳香族化合物という名称をつけた．1865 年にケクレ (F. Kekulé) が 6 員環ケクレ構造を提案し，他にもあった多数の提案より正しいことが明らかになっていった．ケクレはこの構造を夢の中で思いついたとの伝説もあるが，真偽のほどは明らかでない．現在の有機化学の中で，芳香族化合物が占める大きな位置を考えるとき，新規の結合様式の発見がいかに大きな意味を持つかを印象付ける例である．ベンゼンは化合物としての有用性以外に，二重結合の共鳴理論，芳香族性の理論，量子化学などの理論化学に大きな寄与をしてきた，重要な化合物である．C_6H_6 の構造としては**ケクレ構造**以外にも**デュワーベンゼン構造**などいくつかの形が提唱され，実際ベンゼンの異性体として合成されているものもある．

ベンゼン　プリズマン　デュワーベンゼン

ベンゼンはかつてコールタールから分離されていたが，現在は石油留分の改質，トルエンの脱メチル化および不均化，アセチレンの三量化などによって合成されている．スチレン，フェノール，シクロヘキサンなどの原料として大量に使用される他，芳香族化合物の出発化合物として非常に多くの化学品の製造になくてはならない．昔は溶媒としても大量に使用されたが，毒性が高いことが明らかになってから使用が厳格に規制されるようになった．特に白血病の原因物質の一つとして危惧されている．

$$\Delta S = \frac{q_{\text{rev}}}{T} \qquad (11\text{-}2)$$

エントロピー変化は系に加えられた熱に比例し，温度に逆比例する。定圧下では $q_{\text{rev}} = \Delta H$ である。溶融，気化あるいは昇温により物質系の秩序性は減少するので，物質のエントロピーは増加する。たとえば，ベンゼンの融点 5.6 ℃ (279 K) における標準溶融エンタルピー変化は 10.59 kJ mol^{-1} であるので，標準溶融エントロピー変化は $\Delta_{\text{fus}}S = 10590$ J mol^{-1}/279 K $= 38$ J K^{-1} mol^{-1} である。

熱力学第二法則の定義はエントロピーによるもの以外にもある。ケルビン卿 (本名トムソン) は「熱源から熱を吸収して，それを全て仕事に変換するだけで，あとは何の変化ももたらさない過程は不可能である」と表現した。これは**第二種の永久機関**が決して実現しないことを示すものである。またクラウジウスは「低温物体から高温物体へエネルギーを移動させるだけで，他に何の変化ももたらさない過程は不可能である」と表現した。

ケルビン卿　Lord Kelvin
トムソン　W. Thomson

永久機関　perpetual motion
クラウジウス　R. J. E. Clausius

エントロピーも状態量であり，始状態と終状態間の経路には依存しない。しかしながら，内部エネルギーと異なり，物質の絶対エントロピーを求められ，すべての物質は正のエントロピーを持つ。完全結晶のエントロピーは絶対零度 (0 K, −273.15 ℃) において 0 である。これを**熱力学第三法則**と呼ぶ。標準状態における試料の絶対エントロピー $S_{\text{m}}°$ が得られている (**表 11・1**)。

熱力学第三法則　third law of thermodynamics

反応前後のエントロピー変化は

$$\Delta_{\text{rxn}}S° = \sum nS_{\text{m}}°(\text{生成物}) - \sum nS_{\text{m}}°(\text{反応物}) \qquad (11\text{-}3)$$

で計算できる。

表 11・1 標準生成ギブズエネルギー ($\Delta_{\text{f}}G°$) と標準モルエントロピー ($S_{\text{m}}°$) (298.15 K)

物　質	$\Delta_{\text{f}}G°$/kJ mol^{-1}	$S_{\text{m}}°$/J K^{-1} mol^{-1}
H$_2$ (g)	0	130.68
N$_2$ (g)	0	191.61
O$_2$ (g)	0	205.14
CO (g)	−137.17	197.67
CO$_2$ (g)	−394.36	213.74
NH$_3$ (g)	−16.45	192.45
H$_2$O (l)	−237.13	69.91
C (s), ダイヤモンド	2.900	2.377
C (s), グラファイト	0	5.740
CaO (s)	−604.03	39.75

ボルツマンは，系が自発的にエントロピー増加の方向に変化するのは，乱れた状態の方が確率的に起こりやすいからであると考え，エントロピーを定式化した。

$$S = k_B \ln W \qquad (11\text{-}4)$$

ボルツマン　L. Boltzmann

ここで，k_B は **ボルツマン定数** ($k_B = R/(6.022 \times 10^{23}) = 1.38066 \times 10^{-23}\,\mathrm{J\,K^{-1}}$)，$W$ は粒子がとることができる等エネルギーのミクロ状態の数である。たとえば，1モルの水において，各水分子が上向きと下向きの二方向のいずれかをとるとすると，アボガドロ数個の水分子の配列は $2^{(6.022 \times 10^{23})}$ 個となる。したがってエントロピーは

$$S = (1.38 \times 10^{-23}\,\mathrm{J\,K^{-1}}) \times (6.022 \times 10^{23}) \times \ln 2$$
$$= 5.76\,\mathrm{J\,K^{-1}}$$

となる。この例のように，**ボルツマンの式**は微視的な分子の世界と巨視的な熱力学現象を結ぶ極めて重要な式である。

化学反応に限らず，あらゆる現象において，秩序性が低下し W が大きくなるほど，系のエントロピーは増大するのが分かる。特に化学反応においては，化合物の気体，液体，固体状態の違いでエントロピーが著しく異なる。最も秩序性が低い気体のエントロピーが最大であり，最も秩序性の高い固体のエントロピーが最小であることも，この式から理解されよう。したがって，化学反応において，気体のモル数が増加する場合はエントロピーが増加し，減少する場合はエントロピーが減少する。たとえば，窒素ガスと水素ガスの反応によるアンモニアの生成反応

$$\mathrm{N_2(g)} + 3\,\mathrm{H_2(g)} \longrightarrow 2\,\mathrm{NH_3(g)}$$

においては，気体のモル数が4モルから2モルに減少するので，反応系のエントロピーも減少する。このため，エントロピーの観点からはこの反応は自発的に進行しないように考えられる。しかしながら，この反応は発熱反応であるために，外界のエントロピー増加が気体のモル数減少によるエントロピー減少を補い自発的に進行する。

11・2　ギブズエネルギー

系と外界を合わせた全エントロピーが増加すると反応が自発的に進行する。定圧条件下の反応において系のエンタルピー変化が ΔH であるとき，外界のエンタルピー変化は $-\Delta H$ である。したがって，外界のエントロピー変化 ΔS_{surr} は $-\Delta H/T$ である。つまり，

$$\Delta S_{\mathrm{univ}} = \Delta S_{\mathrm{sys}} + \Delta S_{\mathrm{surr}} = \Delta S_{\mathrm{sys}} - \Delta H/T$$
$$T\Delta S_{\mathrm{univ}} = T\Delta S_{\mathrm{sys}} - \Delta H$$

になるので，$\Delta G = -T\Delta S_{\mathrm{univ}}$ という量を導入すると

$$\Delta G = \Delta H - T\Delta S_{\mathrm{sys}} \qquad (11\text{-}5)$$

表 11・2 ギブズエネルギー変化の正負の条件

エンタルピー変化	系のエントロピー変化	ギブズエネルギー変化
$\Delta H < 0$	$\Delta S_{sys} > 0$	$\Delta G < 0$
$\Delta H < 0$	$\Delta S_{sys} < 0$	$|\Delta H| > |T\Delta S_{sys}|$ のとき $\Delta G < 0$；$|\Delta H| < |T\Delta S_{sys}|$ のとき $\Delta G > 0$
$\Delta H > 0$	$\Delta S_{sys} > 0$	$|\Delta H| > |T\Delta S_{sys}|$ のとき $\Delta G > 0$；$|\Delta H| < |T\Delta S_{sys}|$ のとき $\Delta G < 0$
$\Delta H > 0$	$\Delta S_{sys} < 0$	$\Delta G > 0$

となる．G を**ギブズエネルギー**（**ギブズの自由エネルギー**ともいう）[*1] と呼ぶ．ギブズエネルギー変化が全エントロピー変化の判定基準になり，ΔS_{univ} が正であることは，ΔG が負であることを意味する．つまり，ギブズエネルギー変化が負になると，反応は自発的に進行する．系のエンタルピー変化 ΔH とエントロピー変化 ΔS_{sys} の大きさの兼ね合いで，ギブズエネルギーの正負が決まってくる（表 11・2）．

ある反応に対する標準エンタルピー変化 $\Delta_{rxn}H°$ と標準エントロピー変化 $\Delta_{rxn}S°$ を計算できるので，標準ギブズエネルギー変化 $\Delta_{rxn}G°$ も計算できる．これは反応物と生成物が**標準状態**（1 bar，298.15 K）にあるときの値である．

$$\Delta_{rxn}G° = \Delta_{rxn}H° - T\Delta_{rxn}S° \qquad (11\text{-}6)$$

標準生成ギブズエネルギーは最も安定な単体から 1 モルの化合物が生成するときのギブズエネルギー変化である．単体の値はゼロである．

化合物の標準生成エンタルピー $\Delta_f H°$ を反応エンタルピーの計算に用いたと同様に，標準生成ギブズエネルギー $\Delta_f G°$（表 11・1）を反応ギブズエネルギー $\Delta_{rxn}G°$ の計算に用いることができる．

$$\Delta_{rxn}G° = \sum n\Delta_f G°（生成物）- \sum n\Delta_f G°（反応物） \quad (11\text{-}7)$$

$\Delta_{rxn}G° < 0$ のとき，反応は自発的に進行し，$\Delta_{rxn}G° > 0$ のとき，逆反応が自発的に起こる．$\Delta_{rxn}G° = 0$ のときの反応は平衡状態であり，見かけ上どちらの方向にも進行しない．すなわち，定圧，定温で平衡状態にある反応に対して，$\Delta_{rxn}G° = 0$ である．

11・3　化学平衡

上に記したように，反応物から生成物が生成すると同時に生成物から反応物に戻る逆反応も起こる**可逆反応**

$$a\text{A} + b\text{B} \rightleftarrows c\text{C} + d\text{D}$$

において，以下の式の Q を**反応商**という．ここで [X]（X = A, B, C, D）

ギブズ　J.W.Gibbs

[*1] **ヘルムホルツの自由エネルギー**

$\Delta A = -T\Delta S_{univ} = \Delta U - T\Delta S_{sys}$ で定義される量をいう．ギブズの自由エネルギーにおけるエンタルピー項が内部エネルギー項になったものであり，ある系の定温，定容の変化は $\Delta A < 0$ ならば自発的である．

可逆反応　reversible reaction

反応商　reaction quotient

はモル濃度を表し，a, b, c, d は反応係数を表す。

$$Q = \frac{[\text{C}]^c[\text{D}]^d}{[\text{A}]^a[\text{B}]^b} \tag{11-8}$$

正反応と逆反応の速度が等しくなると平衡状態に達し，見かけ上反応が止まる。そのときの反応商 K を**平衡定数**と呼ぶ。各化合物の濃度は平衡濃度である。

平衡定数 equilibrium constant

$$K = \frac{[\text{C}]^\gamma[\text{D}]^\delta}{[\text{A}]^\alpha[\text{B}]^\beta} \tag{11-9}$$

平衡定数は，本来濃度ではなく無次元である**活量**(a) [*2] で表すので単位がつかない数である。濃度で表してある場合にも，基準質量モル濃度（1 mol kg^{-1}）（2・6節参照）で割ってあるとみなすので，単位のない数になる。平衡に到達したときの各化合物の濃度が平衡濃度である。K が大きいときには反応混合物の平衡組成は生成物が多く，小さいときには反応物が多い。つまり平衡定数の大きな反応は，正方向に順調に進む反応である。反応途中で各化合物の濃度が平衡濃度ではない場合，Q と K の大小関係によりそれ以降の反応の方向が決まる。$Q < K$ であればさらに生成物が増加する方向に反応が進行し，$Q > K$ であれば生成物が減少する方向に反応が進む。$Q = K$ であれば反応は平衡に到達しているので，見かけ上生成物の量は変化しない。

[*2] **活量（activity）**
熱力学の式は厳密には活量で表されるが，実用的にするためには質量モル濃度 (mol kg^{-1}) (molality) と関係づけられる。活量 a_{J} と質量モル濃度 m_{J} との関係を $a_{\text{J}} = \gamma_{\text{J}} m_{\text{J}} / 1 \text{ mol kg}^{-1}$ とする。1 mol kg^{-1} で割るのは活量を無次元にするためである。γ_{J} を活量係数といい，J が溶質であるとき，$m_{\text{J}} \to 0$ で $\gamma_{\text{J}} \to 1$，J が溶媒であるとき，$m_{\text{J}} \to 1$ で $\gamma_{\text{J}} \to 1$ になるように定義される。こうすると希薄溶液では活量を質量モル濃度で近似でき，溶媒の活量は 1 となる。溶媒の濃度項が 1 になるので，積や商から消える。

11・4　ギブズエネルギーと平衡定数

やや複雑な熱力学の計算により，反応のギブズエネルギー $\Delta_{\text{rxn}}G$ と反応商 Q の間には

$$\Delta_{\text{rxn}}G = \Delta_{\text{rxn}}G° + RT \ln Q \tag{11-10}$$

の関係があることが分かる。ここで ln は自然対数を表す。R は気体定数であり，25 °C においては

$$RT = (8.314 \text{ J K}^{-1}\text{mol}^{-1}) \times (298.15 \text{ K}) = 2.479 \text{ kJ mol}^{-1}$$

である。この関係を用いると，任意の濃度の反応物と生成物の混合物に対する反応ギブズエネルギーが計算できる。平衡状態では $Q = K$ であり，$\Delta_{\text{rxn}}G = 0$ であるので，

$$\begin{aligned} 0 &= \Delta_{\text{rxn}}G° + RT \ln K \quad \text{すなわち} \\ \Delta_{\text{rxn}}G° &= -RT \ln K \end{aligned} \tag{11-11}$$

となる。この関係式は熱力学において最も重要なものの一つである。反応が自発的に進行する場合は $\Delta_{\text{rxn}}G° < 0$ であるので $K > 1$ になり，逆反応が自発的に進行する場合は $\Delta_{\text{rxn}}G° > 0$ であるので $K < 1$ になる。すなわち平衡定数と反応の方向性の関係を示している。

11・5 熱機関の効率

熱力学第二法則は，エントロピーが増大する場合にのみ自発過程が起こることを明らかにしたが，熱の有効利用の観点からも熱力学第二法則を定義できる。すなわち，熱力学第二法則は，熱源から熱を吸収してこれを全て仕事に変換することは不可能であることを述べたものでもある。熱 Q を仕事 A に変換する際には，必ず吸収する熱の一部分を温度が低い"**流し（シンク）**"に捨てなければならない。**熱効率** $\varepsilon = A/Q$ は 0 から 1 の間になり，**可逆熱機関**の最大熱効率 ε は高温の熱源の温度 T_{high} と低温の"流し"の温度 T_{low} によって定まる。

$$\varepsilon = \frac{T_{high} - T_{low}}{T_{high}} \tag{11-12}$$

演習問題

11・1 1モルの水が沸点において気化するときのエントロピー変化を計算せよ。

11・2 反応 $N_2(g) + 3H_2(g) \rightarrow 2NH_3(g)$ の標準反応エントロピーを計算せよ。

11・3 反応 $2CO(g) + O_2(g) \rightarrow 2CO_2(g)$ の標準反応ギブズエネルギーを計算せよ。

11・4 25℃における $HI(g)$ の標準生成ギブズエネルギーを標準生成エンタルピーと標準生成エントロピーから計算せよ。ただし，$\Delta_f H° = 26.48 \text{ kJ mol}^{-1}$, $S_m°(HI, g) = 206.59 \text{ J K}^{-1} \text{ mol}^{-1}$, $S_m°(H_2, g) = 130.68 \text{ J K}^{-1} \text{ mol}^{-1}$, $S_m°(I_2, s) = 116.14 \text{ J K}^{-1} \text{ mol}^{-1}$ とする。

11・5 平衡反応 $N_2(g) + 3H_2(g) \rightleftarrows 2NH_3(g)$ の 25℃における K を計算せよ。

11・6 ケルビン卿あるいはクラウジウスの熱力学第二法則の定義において，「あとは何の変化ももたらさない過程」というのはどのような過程であろうか。

11・7 系のエントロピー変化が負であっても反応が自発的に進行する場合があることを，ギブズエネルギーの観点から説明せよ。

11・8 熱機関の熱効率が 50％ の場合，低温部と高温部の温度の比率はいくらか。

第12章 酸化と還元

化合物において各原子の酸化状態を示す酸化数は，電気陰性度が相対的に小さい原子から大きい原子に電子移行が起こったと考えたときの形式電荷を意味し，ローマ数字で表す。酸化は電子を奪う反応，還元は電子を与える反応と定義されるので，電子を奪う試剤を酸化剤，電子を与える試剤を還元剤と言う。酸化・還元能力は仮想的半反応の電位の順番になり，標準電極電位が高いほど酸化力が大きい。標準電極電位と半反応の標準ギブズエネルギーとの関係式から，電位が正の反応が自発的に起こることが分かる。電池はアノードとカソードが電解質に浸された構造を持ち，標準電極電位の差から起電力が定まる。電気分解は，電流を流すことにより非自発的イオン反応を起こし，アノードとカソードから分解生成物を取り出す反応である。

・・・・・

12・1 酸化数

原子は1個ずつ独立している場合は電荷を持たず中性である。原子から電子を奪えば**陽イオン**になり，電子を与えれば**陰イオン**になる。授受する電子数が1個の場合は1価のイオン，n 個の場合は n 価のイオンが生ずる。化合物あるいは化合物イオンにおいて，電気陰性度の大きい原子を陰イオン，小さい原子を陽イオンとみなすことにより，電荷の偏りを極端にしたときの各構成原子の電荷を**酸化数**と言い，ローマ数字でその数を表す。CO_2 のような異なる元素から成る化合物の場合は，電気陰性度が大きい O の酸化数を $-\mathrm{II}$，電気陰性度が小さい C の酸化数を $+\mathrm{IV}$ とみなす。N_2 のような同じ原子から成る単体の場合は，電荷の偏りがないので N の酸化数は 0 である。また O_2^{2-} のようなイオンの場合は全体のイオン価を原子数で割ったものとするので，O の酸化数は $-\mathrm{I}$ となる。他の単純な例では，NO_2 の N が $+\mathrm{IV}$，O が $-\mathrm{II}$，NH_3 の N が $-\mathrm{III}$，H が $+\mathrm{I}$ となる。同じ窒素原子でも相手次第で酸化数が異なってくる。酸化数は実際の電荷の偏りを示していないが，価電子数の計算や，酸化還元反応を取り扱う際には便利な概念である。

陽イオン　cation
陰イオン　anion

酸化数　oxidation number

12・2 酸化と還元

酸素ガスとの反応で酸化物を生成する反応を酸化，水素ガスとの反応で酸化物から酸素を除く反応を還元とするのが酸化還元の古い定義であった。現在では電子を奪う反応を**酸化反応**，電子を与える反応を**還元反応**と呼び，電子を奪う試剤を**酸化剤**，電子を与える試剤を**還元剤**と言

酸化反応　oxidation
還元反応　reduction
酸化剤　oxidant
還元剤　reductant

塩　素（Cl_2）

　塩素はハロゲン族元素の一つで，その単体は常温常圧では特有の強い刺激臭を持つ黄緑色の気体である．非常に反応性が高く，多くの金属や有機化合物と反応し塩化物を生成する．塩化物は無機化合物や有機化合物合成の出発化合物としても極めて重要である．また食塩は生命の維持に欠かせない．地球上の塩素は岩塩や海水などに多量に含まれるので18番目に多い元素である．電気陰性度が2.83（オールレッド-ロコウの値）の塩素は陰イオンになり易く，また標準電極電位が $+1.36\,V$ であるので酸化性が高い．塩化ナトリウムはじめ非常に多くの塩化物が使用されているが，塩素単体も漂白剤，水道水やプールの水の殺菌などに広く用いられている．塩素ガスは非常に毒性が高いので，化学兵器としても第一次世界大戦で使用されて多くの人命を奪い，深刻な後遺症をもたらした．このときの使用を指揮したのは，アンモニア合成でノーベル化学賞を受賞したハーバー（F. Haber）である．この人の光と影の人生は毀誉褒貶（きよほうへん）の対象となっている．塩素ガスは化学工業において塩化水素，塩化ビニルはじめ多くの塩化物の製造に大量に使用され，現在は塩化ナトリウムを原料として，イオン交換と電気分解を併用するイオン交換膜法により水酸化ナトリウムとともに生産される．

う．酸素ガスによる酸化物生成反応を考えると，酸化数 0 の酸素原子から成る酸素分子から酸化数 $-II$ の酸素を含む酸化物が生成する訳だから，酸素ガスが酸化剤として電子を奪っていることになる．水素ガスと酸素ガスの反応による水の生成の場合は，酸化数 $+I$ の水素と酸化数 $-II$ の酸素から成る H_2O を生成するから，水素ガスが還元剤として電子を与えていることになる．つまり新しい酸化還元の定義には古い酸化還元反応の定義が含まれることになる．塩素ガスは金属単体と反応すると塩化物を生成し，酸素や水素は関与しないにもかかわらず現在の定義では塩素ガスは酸化剤であり，金属単体は還元剤である．たとえば，

$$2\,Mo^0 + 5\,Cl^0_2 \longrightarrow Mo^{+V}_2Cl^{-I}_{10}$$

という反応において，モリブデンは電子を奪われ酸化され，塩素は電子が付加され還元されているのである．

12・3　標準電極電位

　酸化還元反応は電子の授受反応であるので，電気化学と密接に関連している．酸化過程と還元過程は常に同時に進行するが，

$$A + B^{n+} \longrightarrow A^{n+} + B$$

という酸化還元反応を

$$A \longrightarrow A^{n+} + ne^- \quad と \quad B^{n+} + ne^- \longrightarrow B$$

の2個の反応に分けて，各過程を仮想的な**半反応**とする．つまり，それぞれの試剤が担う過程を別々に考えて，後でそれらを足して全体の酸化還元反応にまとめることにする．その際，単体あるいは化合物の酸化剤

半反応　half-reaction

あるいは還元剤としての能力を表す指標として標準電極電位を用いる。

電気化学平衡
$$\text{Oxy} + n\,e^- \rightleftarrows \text{Red}$$
において，**動作電極**の電位を酸化還元対 Oxy/Red の**標準電極電位** $E°$ と呼ぶ。

動作電極　working electrode
標準電極電位　standard electrode potential

$E°$ と反応の標準ギブズエネルギー変化 $\Delta G°$ の間には
$$\Delta G° = -nFE° \tag{12-1}$$
の関係がある。ここで，n は移行する電子数，F は**ファラデー定数**で $F = 96485\,\text{C}\,\text{mol}^{-1}$ である（C は電気量の SI 単位クーロン）。標準電極電位は，**基準電極**と測定すべき半反応が起こる電極間の起電力を測り，基準電極の電位に対する相対値として得られるので，適切な基準電極があると便利である。活量 $a_{\text{H}^+} = 1$ の HCl 水溶液に白金電極を浸し，1 atm の水素ガスを吹き込む電極系を**標準水素電極**（SHE）という（図 12・1）。ここで標準とは，平衡にあずかる物質の活量が 1 であることを意味する。標準水素電極における水素陽イオンの還元半反応

ファラデー定数　Faraday constant

標準水素電極　standard hydrogen electrode

$$2\,\text{H}^+(\text{aq}) + 2\,e^- \rightleftarrows \text{H}_2(\text{g}) \tag{12-2}$$

表 12・1 標準電極電位（25 °C）

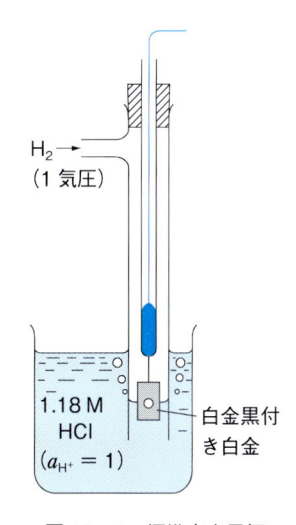

還元半反応	$E°/\text{V}$
$\text{F}_2(\text{g}) + 2\,e^- \rightarrow 2\,\text{F}^-(\text{aq})$	+2.866
$\text{H}_2\text{O}_2(\text{aq}) + 2\,\text{H}^+(\text{aq}) + 2\,e^- \rightarrow 2\,\text{H}_2\text{O}(l)$	+1.776
$\text{Ce}^{4+}(\text{aq}) + e^- \rightarrow \text{Ce}^{3+}(\text{aq})$	+1.72
$\text{MnO}_4^-(\text{aq}) + 8\,\text{H}^+(\text{aq}) + 5\,e^- \rightarrow \text{Mn}^{2+}(\text{aq}) + 4\,\text{H}_2\text{O}(l)$	+1.507
$\text{Cl}_2(\text{g}) + 2\,e^- \rightarrow 2\,\text{Cl}^-(\text{aq})$	+1.358
$\text{O}_2(\text{g}) + 4\,\text{H}^+(\text{aq}) + 4\,e^- \rightarrow 2\,\text{H}_2\text{O}(l)$	+1.229
$\text{Br}_2(l) + 2\,e^- \rightarrow 2\,\text{Br}^-(\text{aq})$	+1.087
$\text{Fe}^{3+}(\text{aq}) + e^- \rightarrow \text{Fe}^{2+}(\text{aq})$	+0.771
$\text{Cu}^{2+}(\text{aq}) + 2\,e^- \rightarrow \text{Cu}(\text{s})$	+0.337
$\text{AgCl}(\text{s}) + e^- \rightarrow \text{Ag}(\text{s}) + \text{Cl}^-(\text{aq})$	+0.222
$2\,\text{H}^+(\text{aq}) + 2\,e^- \rightarrow \text{H}_2(\text{g})$	0
$\text{Fe}^{3+}(\text{aq}) + 3\,e^- \rightarrow \text{Fe}(\text{s})$	−0.037
$\text{Sn}^{2+}(\text{aq}) + 2\,e^- \rightarrow \text{Sn}(\text{s})$	−0.1375
$\text{Fe}^{2+}(\text{aq}) + 2\,e^- \rightarrow \text{Fe}(\text{s})$	−0.447
$\text{Zn}^{2+}(\text{aq}) + 2\,e^- \rightarrow \text{Zn}(\text{s})$	−0.762
$\text{Al}^{3+}(\text{aq}) + 3\,e^- \rightarrow \text{Al}(\text{s})$	−1.662
$\text{Mg}^{2+}(\text{aq}) + 2\,e^- \rightarrow \text{Mg}(\text{s})$	−2.372
$\text{Na}^+(\text{aq}) + e^- \rightarrow \text{Na}(\text{s})$	−2.71
$\text{Li}^+(\text{aq}) + e^- \rightarrow \text{Li}(\text{s})$	−3.04

図 12・1 標準水素電極

の標準電極電位を $E° = 0.00\,\mathrm{V}$ と定義して，その他の半反応の電位を定める（**表 12・1**）。標準水素電極は実験上使いにくいので，通常 銀一塩化銀電極が使用される。以前は飽和カロメル電極（SCE）がよく用いられたが，水銀試薬（Hg_2Cl_2）を使用するので，環境汚染に配慮してあまり用いられなくなった。標準水素電極に対する電位は $E° = +0.199\,\mathrm{V}$ (Ag-AgCl) あるいは $E° = +0.241\,\mathrm{V}$ (SCE) であるので，これらの電極を基準電極として用いて測定する場合は，測定値に $0.199\,\mathrm{V}$ あるいは $0.241\,\mathrm{V}$ を足した値が SHE に対する電位となる。

銀一塩化銀電極
Ag-AgCl electrode
飽和カロメル電極
saturated calomel electrode

半反応の標準電極電位が高い試薬ほど，酸化力が大きいことを意味する。標準電極電位についた正負の符号は水素陽イオンの還元電位を 0 と定義した便宜上の尺度によるので，符号が正のものが酸化性，負のものが還元性というわけではないことにも留意してほしい。酸化還元能力を順番に並べたものを**電気化学系列**という。

電気化学系列
electrochemical series

12・4　酸化還元反応と標準電極電位

酸化還元反応を半反応式の組み合わせでつくるときは，半反応に分離して，それぞれの半反応の標準電極電位 $E°$ を表から見つける。還元半反応を組み合わせ，電子数を合わせることにより電子の項を相殺するために，各半反応式を整数倍後引き算する。しかし，$E°$ は示強変数[*1]であり，物質の量とは独立であるので整数倍してはならない。電子数が消去されない場合は $E°$ の加成性は成立しないので，電位をそのまま足したり引いたりできない。たとえば

$$\mathrm{Fe^{3+}(aq)} + 3\mathrm{e^-} \rightarrow \mathrm{Fe(s)} \qquad E° = -0.037\,\mathrm{V} \qquad (1)$$
$$\mathrm{Fe^{2+}(aq)} + 2\mathrm{e^-} \rightarrow \mathrm{Fe(s)} \qquad E° = -0.447\,\mathrm{V} \qquad (2)$$

(1) 式から (2) 式を差し引くと

$$\mathrm{Fe^{3+}(aq)} + \mathrm{e^-} \rightarrow \mathrm{Fe^{2+}(aq)}$$

となるので，電位もそのまま引き算して

$$-0.037 - (-0.447) = +0.410\,\mathrm{V}$$

としたくなるが，表 12・1 から明らかなように，この反応の標準電極電位は $+0.771\,\mathrm{V}$ であるので誤りであることが分かる。それでは，このように電子数が消去されない場合はどのようにすればよいのであろうか。

ギブズエネルギーについては加成性が成立する。したがって，それぞれの反応の $E°$ を $\Delta G°$ に変換してから引き算して，その結果から再び $E°$ に変換すると正しい値が得られる。$\mathrm{C} \times \mathrm{V} = \mathrm{J}$ の関係を用いると

反応 (1) について

$$\Delta G°_1 = -3\,\mathrm{mol} \times 96485\,\mathrm{C\,mol^{-1}} \times (-0.037\,\mathrm{V}) = 10700\,\mathrm{J}$$

[*1] 示強変数
　$E°$ は物質の量とは独立に定義された変数であるので，酸化還元に関与する物質の種類にのみ依存し，量にはよらない（0・1節および 10・2 節参照）。

反応 (2) について
$$\Delta G°_2 = -2\,\mathrm{mol} \times 96485\,\mathrm{C\,mol^{-1}} \times (-0.447\,\mathrm{V}) = 86300\,\mathrm{J}$$
となるので，全体の反応では
$$\Delta G° = \Delta G°_1 - \Delta G°_2 = 10700\,\mathrm{J} - 86300\,\mathrm{J}$$
$$= -75600\,\mathrm{J}$$
となる．この値を電位に換算すると
$$E° = -75600\,\mathrm{J}/-96485\,\mathrm{C} = +0.784\,\mathrm{V} \quad (\mathrm{J} = \mathrm{C\,V})$$
になり，表の値と非常に近い．

酸化還元反応の電位とギブズエネルギー間の関係式 (12-1) から，電位 E が正であれば，G は負になるので反応は自発的に進行することが明らかになる．つまり，ギブズエネルギーを自発性の判断基準にするかわりに電位を用いることができる．非標準状態の電位 E と標準状態の電位 $E°$ の関係は**ネルンストの式** (**12-3**) として知られている．

$$E = E° - \frac{RT}{nF}\ln Q \tag{12-3}$$

ここで，Q は非平衡状態での反応物の濃度，圧力，あるいは活量で表される反応商 (11・3 節参照) である．

12・5 電 池

電池は単純に言えば，**アノード**と**カソード**[*2]が電解質に浸されたものである．アノードにおいて酸化反応が起こり電子が放出され，カソードにおいて電子を受け取り還元反応が起こる．たとえば，**ダニエル電池**(図 12・2) はアノード室の硫酸亜鉛の水溶液に亜鉛板を浸し，カソード室の硫酸銅水溶液に銅板を浸し，両室を多孔性の隔膜で仕切った電池である．亜鉛が酸化され亜鉛イオンになるとともに電子を放出し，亜鉛が放出した電子で銅イオンが還元され銅になる．

$$\mathrm{Zn} \rightarrow \mathrm{Zn^{2+}} + 2\,e^-, \quad \mathrm{Cu^{2+}} + 2\,e^- \rightarrow \mathrm{Cu}$$

アノード　anode
カソード　cathode

*2 陽極と正極，陰極と負極
　電池の場合，電子が流れ込む電極を正極，また電子が流れ出る電極を負極という．電気分解の場合，外部電源の正極に連結し電子が流れ出る電極を陽極，負極に連結し電子が流れ込む電極を陰極という．したがって，電池と電気分解では正と陰，負と陽が対応し混乱しやすい．一方，アノードは電池，電気分解の両者において電子が流れ出る電極であり，カソードは電子が流れ込む電極であるので，＋，－に統一性があり混乱しにくい用語である．

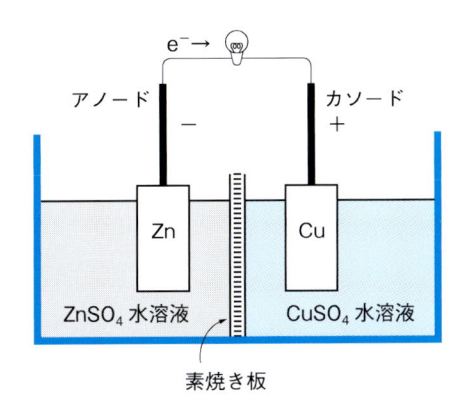

図 12・2　ダニエル電池

亜鉛の標準電極電位は -0.762 V,銅の標準電極電位は $+0.337$ V であるので起電力は両方の電位の差となり,$0.337 - (-0.762) = 1.099$ V である。電池の電池式を図式的に,$(-)\,\text{Zn}\,|\,\text{ZnSO}_4\,(\text{aq})\,||\,\text{CuSO}_4\,(\text{aq})\,|\,\text{Cu}\,(+)$ のように表す。実用電池として,**マンガン乾電池**,**鉛蓄電池**が古くから使用されており,使い捨てのマンガン電池は**一次電池**,充電により何度も利用できる鉛電池は**二次電池**と呼ばれる[*3,4]。これらの電池の電池式と電極反応は次のようである。

マンガン乾電池

$\text{Zn}\,(\text{s})\,|\,\text{ZnCl}_2\,(\text{aq}),\ \text{NH}_4\text{Cl}\,(\text{aq})\,|\,\text{MnO(OH)}\,(\text{s})\,|\,\text{MnO}_2\,(\text{s})\,|\,\text{C}\,(\text{s})$

アノード　$\text{Zn}\,(\text{s}) \to \text{Zn}^{2+}\,(\text{aq}) + 2\,\text{e}^-$

カソード　$\text{MnO}_2\,(\text{s}) + \text{H}_2\text{O}\,(l) + \text{e}^- \to \text{MnO(OH)}\,(\text{s}) + \text{OH}^-\,(\text{aq})$

鉛蓄電池

$\text{Pb}\,(\text{s})\,|\,\text{PbSO}_4\,(\text{s})\,|\,\text{H}^+\,(\text{aq}),\ \text{HSO}_4^-\,(\text{aq})\,|\,\text{PbO}_2\,(\text{s})\,|\,\text{PbSO}_4\,(\text{s})\,|\,\text{Pb}\,(\text{s})$

アノード　$\text{Pb}\,(\text{s}) + \text{HSO}_4^-\,(\text{aq}) \to \text{PbSO}_4\,(\text{s}) + \text{H}^+\,(\text{aq}) + 2\,\text{e}^-$

カソード　$\text{PbO}_2\,(\text{s}) + 3\,\text{H}^+\,(\text{aq}) + \text{HSO}_4^-\,(\text{aq}) + 2\,\text{e}^-$
$ \to \text{PbSO}_4\,(\text{s}) + 2\,\text{H}_2\text{O}\,(l)$

12・6　電気分解

電気分解は電流を用いて非自発的方向に反応を起こす方法である。電解セルに電気分解する電解質の溶液などを入れ,アノードとカソードの2種の電極間に直流電流を流し,アノード表面で酸化反応,カソード表面で還元反応を起こさせる。たとえば,塩化銅(II) CuCl_2 水溶液に入れた2個の白金電極に外部電源を接続すると,アノード表面で塩素ガスが発生し,カソード表面に銅が堆積していく。これらの反応は

$$2\,\text{Cl}^-\,(\text{aq}) \to \text{Cl}_2\,(\text{g}) + 2\,\text{e}^-$$
$$\text{Cu}^{2+}\,(\text{aq}) + 2\,\text{e}^- \to \text{Cu}\,(\text{s})$$

と表される。

非自発的反応を起こさせるには,逆反応である自発的反応の起電力より大きな外部電圧を加えなければならない。たとえば水の電気分解においては,

$$2\,\text{H}_2\,(\text{g}) + \text{O}_2\,(\text{g}) \to 2\,\text{H}_2\text{O}\,(l)$$

の反応の起電力は pH $= 7$ で $E = 1.23$ V であるので,この逆反応である水の電気分解

$$2\,\text{H}_2\text{O}\,(l) \to 2\,\text{H}_2\,(\text{g}) + \text{O}_2\,(\text{g})$$

の $E = -1.23$ V に打ち勝つためには少なくとも 1.23 V を外部から加えなければならない。実際には**過電圧**というものがあるので,さらに高電圧が必要になる。

[*3]　**リチウムイオン電池**
電解質中のリチウムイオンが電気伝導を担う二次電池の一種であり,正極にコバルト酸リチウム(LiCoO_2)などのリチウム化合物,負極に黒鉛などの炭素材を用いるものが主流である。我が国で1990年代に世界に先駆け実用化された。携帯機器用の小型のものから,自動車,航空機用の大型のものまで開発されている。安定性に問題があり,発火事故がしばしば起こるので,安全性確保に種々の工夫がされている。

[*4]　**燃料電池**
水素ガスやメタノールなどの可燃物質(燃料)の電気化学反応を継続的に起こして電気を得る装置である。熱機関を用いずに化学エネルギーを直接電気エネルギーに変換するので,発電効率が高い。携帯機器用の小さなものから,交通機関用や家庭用,軍事用など,用途,規模など多くの型が開発途上にあり,一部実用化されてきた。

過電圧　overpotential

電気分解される化合物の量は流れた電気量に比例することをファラデーが発見したので，ファラデーの**電気分解の法則**と呼ばれる。電気量の単位としてはクーロンを用いる。この単位は 1 A の電流が 1 s 流れたときの電気量であり，1 C = 1 A × 1 s である。1 モルの電解生成物を得るのに，ファラデー定数 $F = 96485\,\text{C mol}^{-1}$ の電気量を要する。

演習問題

12・1 $(NH_4)_2SO_4$ における各原子の酸化数を求めよ。

12・2 Ag–AgCl 電極に対する電位 $+1.161\,\text{V}$ を SHE に対する電位に換算せよ。

12・3 ハロゲンのうち最も酸化力の大きい元素はどれか。

12・4 過マンガン酸カリウム $KMnO_4$ は Fe(II) の酸化滴定に使用される。この反応式は
$$MnO_4^-\,(aq) + 5\,Fe^{2+}\,(aq) + 8\,H^+\,(aq) \rightarrow Mn^{2+}\,(aq) + 5\,Fe^{3+}\,(aq) + 4\,H_2O$$
である。この反応が自発的に進行する理由を述べよ。

12・5 ネルンストの式を導け。

12・6 Zn^{2+} の濃度が $0.10\,\text{mol dm}^{-3}$，Cu^{2+} の濃度が $0.0010\,\text{mol dm}^{-3}$ のダニエル電池の 25 ℃ における起電力を計算せよ。

12・7 亜鉛を酸に溶解すると水素ガスを発生する。この反応は
$$Zn\,(s) + 2\,H^+\,(aq) \rightarrow H_2\,(g) + Zn^{2+}\,(aq)$$
と表され，亜鉛が酸化され，プロトンが還元されている。
$$Zn^{2+}\,(aq) + 2\,e^- \rightarrow Zn\,(s)$$
の標準電極電位を求めよ。ただし，亜鉛の酸への溶解反応の ΔG° は $-147\,\text{kJ mol}^{-1}$ である。

12・8 水の電解を 5.00 A の電流で 6 時間おこなった。25 ℃，10^5 Pa で何 m^3 の H_2 が得られるか。ただし，水素ガスは理想気体とする。

第13章　酸と塩基

酸と塩基は定義によりいくつかの種類に分類される。アレニウス酸・塩基，ブレンステッド酸・塩基，ルイス酸・塩基などである。プロトン酸は水中でヒドロキソニウムイオンと陰イオンに解離する。解離平衡定数を酸性度定数と呼び，この値の対数にマイナスをつけたものを pK_a と定義する。ヒドロキソニウムイオンの濃度の対数にマイナスをつけたものが pH である。酸性度は指示薬を用いる滴定あるいは pH メーターで測定する。強酸の水溶液の pH は水平化効果により一定値になる。少量の強塩基あるいは強酸を添加したときの pH 変化の小さい溶液を緩衝溶液と言う。

・・・・・

13・1　アレニウス酸・塩基

塩酸，硫酸，酢酸のような化合物は舐めると酸っぱいが，その味の基が酸の電離によることが 19 世紀にアレニウスにより提案された。アレニウスの説によると，酸は水素原子を含み，水中で水素陽イオン H^+ と陰イオンに解離する化合物であり，塩基は水に溶解すると水酸化物陰イオン OH^- と陽イオンに解離する化合物である。

アレニウス　S. A. Arrhenius

13・2　ブレンステッド酸・塩基

ブレンステッドとローリーが 1923 年に提唱した説は，アレニウス説よりさらに広範な化合物に適用されるものである。ブレンステッド酸は H^+ を与える化学種 HA であり，ブレンステッド塩基は H^+ を受け入れる化学種 B である。これらが反応すると，

$$HA + B \rightleftarrows BH^+ + A^-$$

の平衡が成立する。BH^+ は B の**共役酸**と呼び，また A^- は HA の**共役塩基**と呼ぶ。水 H_2O は H^+ を受け入れる塩基としても働くので，酸の水溶液では

$$HA + H_2O \rightleftarrows H_3O^+ + A^-$$

の反応により，共役酸である**ヒドロキソニウムイオン**[*1] H_3O^+ が生成する。HA は気相ではほとんど解離しないが，水中では解離により生成した H_3O^+ が H_2O との水素結合により水和安定化されるので，解離が促進される。すなわち水中 (aq) での解離平衡は以下のようになる。

$$HA\,(aq) + H_2O\,(l) \rightleftarrows H_3O^+\,(aq) + A^-\,(aq)$$

たとえば，塩化水素では

$$HCl\,(aq) + H_2O\,(l) \rightleftarrows H_3O^+\,(aq) + Cl^-\,(aq)$$

ブレンステッド　J. N. Brønsted
ローリー　T. M. Lowry

共役酸　conjugate acid
共役塩基　conjugate base

ヒドロキソニウムイオン
hydroxonium ion

*1　ヒドロキソニウムイオン
プロトン H^+ の水和物 H_3O^+ の名称である。このイオンの水素をアルキル基で置換したイオン RH_2O^+, R_2HO^+, R_3O^+ および H_3O^+ の総称をオキソニウムイオンというが，H_3O^+ のことをオキソニウムイオンと呼ぶこともある。

である．一方，H_2O は酸として，塩基 B と反応できる．

$$H_2O + B \rightleftarrows BH^+ + OH^-$$

たとえば，NH_3 の水中での解離

$$H_2O\,(l) + NH_3\,(aq) \rightleftarrows NH_4^+\,(aq) + OH^-\,(aq)$$

では，H_2O は酸として働いている．NH_4^+ が NH_3 の共役酸であり，OH^- が H_2O の共役塩基である．つまり，H_2O は相手次第で，酸にも塩基にもなれる両性を備えた化合物ということになる．

水は自己解離し酸と塩基の両方の役割を演じ，その平衡定数は K_w である．平衡定数は本来活量で表すものであり無次元量であるが，希薄溶液では活量の値は濃度の値で近似できるので，通常はモル濃度で表される．濃度項は基準濃度で割られた無単位の換算濃度であり，濃度で表されていても平衡定数は無次元数である（11・3 節参照）．

$$2\,H_2O\,(l) \rightleftarrows H_3O^+\,(aq) + OH^-\,(aq)$$

$$K_w = [H_3O^+][OH^-]$$

25 ℃ における純水中の H_3O^+ と OH^- のモル濃度は 1.0×10^{-7} mol dm^{-3} であり，K_w の値は 1.0×10^{-14} になり，これを水の**自己プロトリシス定数**と呼ぶ．

$$K_w = [H_3O^+][OH^-] = (1.0\times10^{-7})(1.0\times10^{-7}) = 1.0\times10^{-14}$$

H_3O^+ と OH^- イオンのモル濃度の積は全ての水溶液において K_w に等しく，いずれか一方の濃度が決まれば，他方の濃度も定まる．たとえば，25 ℃ において，0.02 M の HCl 水溶液では，$[H_3O^+]$ は HCl の初期濃度に等しく，また $[OH^-]$ は K_w を用いて計算できる．すなわち，

$$[H_3O^+] = 0.02$$

$$[OH^-] = \frac{K_w}{[H_3O^+]} = \frac{1.0\times10^{-14}}{0.02} = 5.0\times10^{-13}$$

単位のついた濃度にするには，この値に 1 mol dm^{-3} を掛ける．

酸 HA と塩基 B の反応を中和反応という．たとえば

$$HCl\,(aq) + NH_3\,(aq) \longrightarrow NH_4^+\,(aq) + Cl^-\,(aq) \longrightarrow NH_4Cl\,(aq)$$

13・3　酸の構造と酸性度

よく知られた無機酸には，ハロゲン酸 HX（X = F, Cl, Br, I）のように酸素原子を含まないものと，硫酸 H_2SO_4 や硝酸 HNO_3 のように酸素原子を含むオキソ酸がある．室温近くで液体である HF（沸点 19.5 ℃）以外のハロゲン化水素 HX は常温で気体である．これらの化合物の水溶液は，フッ化水素酸，塩酸，臭化水素酸，ヨウ化水素酸と呼ばれ，フッ化水素酸以外は強酸である．硝酸 $HNO_3 = NO_2(OH)$，硫酸 $H_2SO_4 = SO_2(OH)_2$，リン酸 $H_3PO_4 = PO(OH)_3$，過塩素酸 $HClO_4 = ClO_3(OH)$

第13章 酸と塩基

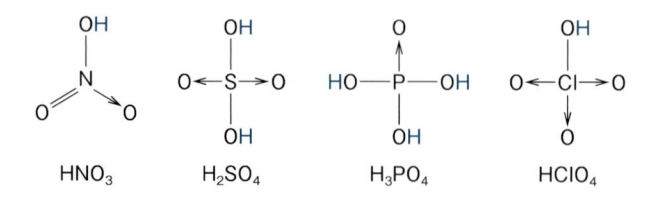

図13・1 オキソ酸の構造

において，**図13・1**に示すように，水素原子は酸素原子に結合している。中心原子に二重結合で結合している酸素原子の数が多いほど，水素原子はプロトンとして解離し易いので，酸強度が大きくなることが知られている。

$$\mathrm{HA\,(aq) + H_2O\,(\mathit{l})} \rightleftharpoons \mathrm{H_3O^+\,(aq) + A^-\,(aq)}$$

の平衡に対する平衡定数 K_{eq} を濃度項で表すと次式になる。

$$K_{eq} = \frac{[\mathrm{H_3O^+}][\mathrm{A^-}]}{[\mathrm{HA}][\mathrm{H_2O}]} \tag{13-1}$$

希薄溶液では**水の活量**は1になるので，$[\mathrm{H_2O}] = 1$ と近似でき，分母から消える。他の濃度項は基準濃度（1M）で割った無次元の量とみなす。酸解離の平衡定数 K_a を改めて定義して，**酸性度定数**と呼ぶ。すなわち，

$$K_a = \frac{[\mathrm{H_3O^+}][\mathrm{A^-}]}{[\mathrm{HA}]} \tag{13-2}$$

これの対数のマイナス値を **pK_a** と定義する。

$$\mathrm{p}K_a = -\log K_a \tag{13-3}$$

主な化合物あるいはイオンの酸としてのpK_a値を**表13・1**に挙げる。多くの表において，塩基（たとえば，ピリジン $\mathrm{C_5H_5N}$）のpK_aとして記されている値は共役酸（たとえば，$\mathrm{C_5H_5NH^+}$）のものである（pK_a = pK_w/pK_b）。

一方，酸性度の数値としてよく用いられる **pH**[*2] はヒドロキソニウムイオンの濃度に対する対数形であり，

$$\mathrm{pH} = -\log[\mathrm{H_3O^+}] \tag{13-4}$$

と定義される。酸の解離平衡が右にずれるほど，平衡定数は大きくなるので，酸性度が高くなるほど，pK_a，pHともに数値が小さくなる。上記のように，pK_aは酸の解離平衡定数の対数形であり，pHはヒドロキソニウムイオンの濃度の対数形であるので，使用にあたっては注意しなければならない。酸HAと共役塩基A$^-$の濃度が等しくなるとき（酸の半分が解離）にのみpH = pK_aとなることは，以下の式から明らかであろう。

酸性度定数　acidity constant

表13・1 主な酸のpK_a値

酸	pK_a	共役塩基
HCl	約 −7	Cl$^-$
HF	3.2	F$^-$
H$_2$SO$_4$	約 −2	HSO$_4^-$
CH$_3$COOH	4.8	CH$_3$COO$^-$
NH$_4^+$	9.2	NH$_3$
C$_5$H$_5$NH$^+$	5.3	C$_5$H$_5$N
C$_6$H$_5$OH	9.9	C$_6$H$_5$O$^-$
CH$_3$OH	15.5	CH$_3$O$^-$
C$_2$H$_2$	25	C$_2$H$^-$

[*2] pH
以前はドイツ語のアルファベット読みでペーハーと呼ばれていたが，現在は英語読みのピーエッチが一般的である。

> ### 硫 酸（H_2SO_4）
>
> 　硫酸は融点 10 ℃，沸点 290 ℃，密度 1.84×10^3 kg m^{-3} の無色，強酸性，強酸化性の液体である。化学薬品としては最も大量に生産されている。
> 　8 世紀のイスラム世界で既に知られていて，ヨーロッパにも 14 世紀ごろに伝わり，17 世紀には硫黄から製造されていた。18 世紀に始まる産業革命以後は鉛室法が発明され，20 世紀からは白金や五酸化バナジウムを触媒に用いる接触法に変わった。日本でも 1872 年に大阪造幣局に最初の製造工場ができた。現在は二酸化硫黄を原料にして五酸化バナジウムを触媒とする方法で製造されている。2008 年の生産量は世界で 9600 万トンで，このうち日本は 722 万トンである。
> 　硫酸は合成洗剤，界面活性剤，化学肥料，イオン交換膜，電解液，鉛バッテリーなどに用いられる他，多数の化学薬品の製造に使用されている。化学薬品として多くの硫酸鉛，硫酸水素塩，硫酸エステルなどがある。市販の濃硫酸は 96〜98 ％程度，モル濃度は 18 M であり，脱水作用が強く，水で希釈する際は発熱が大きいので，水に少量ずつの濃硫酸を加えていかないと危険である。希硫酸は二塩基酸として化学実験でもしばしば使用される。

$$\mathrm{pH} = -\log[\mathrm{H_3O^+}] = -\log\left(K_\mathrm{a} \times \frac{[\mathrm{HA}]}{[\mathrm{A^-}]}\right) = -\log K_\mathrm{a} - \log\left(\frac{[\mathrm{HA}]}{[\mathrm{A^-}]}\right)$$

$$= \mathrm{p}K_\mathrm{a} + \log\left(\frac{[\mathrm{A^-}]}{[\mathrm{HA}]}\right) = \mathrm{p}K_\mathrm{a} \qquad (\log 1 = 0) \tag{13-5}$$

25 ℃ の純水中の H_3O^+ イオンのモル濃度は 1.0×10^{-7} mol dm^{-3} であるので，

$$\mathrm{pH} = -\log(1.0 \times 10^{-7}) = -(-7.00) = 7.00$$

である。

$$K_\mathrm{w} = [\mathrm{H_3O^+}][\mathrm{OH^-}] \quad \text{から}$$

$$[\mathrm{OH^-}] = \frac{K_\mathrm{w}}{[\mathrm{H_3O^+}]} \quad \text{となる。}$$

これから，共役塩基 OH^- の強度指数 pOH が求まる。

$$\mathrm{pOH} = -\log[\mathrm{OH^-}] = -\log K_\mathrm{w} + \log[\mathrm{H_3O^+}]$$
$$= \mathrm{p}K_\mathrm{w} - \mathrm{pH} = 14 - \mathrm{pH}$$

すなわち，pH + pOH = 14 である。

　純水の pH，pOH はともに 7.00 であり，酸性溶液では pH < 7.00，pOH > 7.00，塩基性溶液では pH > 7.00，pOH < 7.00 になる。

13・4　酸性度の測定

　酸や塩基の水溶液の酸性度は定性的には，**指示薬**の変色で識別できる（**表 13・2**）。pH を数値として求めるには pH メーターを用いる。酸性度だけでなく試料中に含まれる酸や塩基を定量するには，**滴定**をおこなう。滴定は，試料溶液を入れたフラスコにビュレットに入れた滴定溶液

表 13・2　主な指示薬

指示薬	酸性の色	変色域の pH	塩基性の色
メチルオレンジ	赤	3.2〜4.4	黄
リトマス	赤	5.0〜8.0	青
フェノールフタレイン	無色	8.2〜10.0	桃色

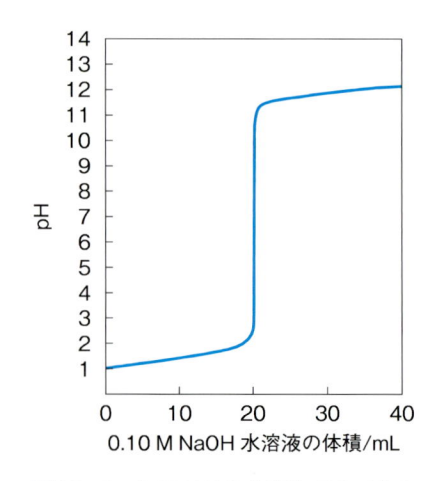

図 13・2　0.10 M HCl 水溶液 (20 mL) の滴定曲線

を滴下して，酸－塩基中和反応の**当量点**を求める分析法である。

　滴定曲線は横軸に滴定溶液の添加量，縦軸に試料溶液の pH をプロットするものであるが，pH は当量点に近づくと急激に変化するので，曲線の勾配が垂直に近くなる（図 13・2）。当量点は，指示薬の変色を見るか，自動滴定計の場合は pH の急激な変化を電気的に検出する。試料溶液と滴定溶液の組み合わせの違いにより当量点における酸性度が異なるので，正確な当量点を求めるためには変色域が適切な指示薬を選ぶ必要がある。たとえば，強酸－強塩基滴定ではリトマス，弱酸－強塩基滴定ではフェノールフタレイン，強酸－弱塩基滴定ではメチルオレンジが適当である。

13・5　水平化効果

　酸 HA の水溶液における HA の共役塩基は A^- であり，塩基 H_2O の共役酸は H_3O^+ である。強酸 HX は水中で完全解離し，[HX] は 0 に近づくので，解離平衡定数

$$K_a = \frac{[H_3O^+][X]}{[HX]}$$

は無限大になり，pK_a は求められない。$[H_3O^+]$ は酸の初期濃度 $[HX]_0$ と同じになるので，pH は $pH = -\log[HX]_0$ で与えられ，同濃度のいずれの強酸に対する値も同一になる。これを**水平化効果**と呼ぶ。もし，酸水溶液の H_2O が完全にプロトン化されているとすると，純水の濃度は $1000\ g/18\ g\ mol\ dm^{-3} = 55.56\ mol\ dm^{-3}$ であるので，$[H_3O^+] = 55.56\ mol\ dm^{-3}$ になる。したがって，この酸の pH は $-\log[H_3O^+] = -\log(55.56) = -1.74$ になり，この値が酸水溶液の pH の下限に

水平化効果　leveling effect

なる。

種々の強酸の pK_a を求めるには，酢酸，アセトニトリル，DMF（ジメチルホルムアミド），メタノールのような有機溶媒中で分光法などで測定する。この値を水中の pK_a 値に換算する。

13・6 緩衝液

塩基あるいは酸を添加したときに pH の変化が小さい溶液を**緩衝液**という。代表的な緩衝液は弱酸とその塩から成る。式 (**13-5**) で示したように，溶液の pH は

$$\mathrm{pH} = \mathrm{p}K_a + \log\frac{[\mathrm{A^-}]}{[\mathrm{HA}]}$$

である。たとえば酢酸と酢酸ナトリウムから成る緩衝液において，[A$^-$] はほとんど酢酸ナトリウムの解離により生成する酢酸陰イオンの濃度に等しい。

$$\mathrm{CH_3COOH\,(aq) + H_2O\,(\mathit{l}) \rightleftharpoons H_3O^+\,(aq) + CH_3COO^-\,(aq)}$$

の平衡にある緩衝液に少量の塩基を添加すると，塩基に由来する OH$^-$ は弱酸 CH$_3$COOH からプロトンを受容する。少量の酸を添加すると，H$^+$ が CH$_3$COO$^-$ にプロトンを供与する。[CH$_3$COO$^-$] と [CH$_3$COOH] はほとんど変わらず，そのため，$\dfrac{[\mathrm{CH_3COO^-}]}{[\mathrm{CH_3COOH}]}$ の比率はほぼ一定であり，pH の値が保たれる。また，アンモニアとアンモニウム塩から成る緩衝液において，

$$\mathrm{NH_3\,(aq) + H_2O\,(\mathit{l}) \rightleftharpoons NH_4^+\,(aq) + OH^-\,(aq)}$$

の平衡にある緩衝液に少量の塩基を添加すると，OH$^-$ は弱塩基の共役酸 NH$_4^+$ からプロトンを受容する。少量の酸を添加すると，H$^+$ が弱塩基 NH$_3$ にプロトンを供与する。このような機構で溶液の pH 変化が緩和される。pH 変化と緩衝液に添加される酸あるいは塩基の量の比が小さいほど溶液の緩衝能が大きい。塩基とその共役酸，あるいは酸とその共役塩基の当モル混合物の緩衝能が最大である。緩衝作用がある溶液の例と，成分である酸の pK_a を**表 13・3** に挙げる。

緩衝作用は，血液の pH が約 7.4 に保たれるなど生体系の**恒常性**を維持するのに重要な役割を果たしている。海水の pH も約 8.4 に保たれている。緩衝液は pH メーターの較正，細菌の培養，化学反応の制御などの目的に使用されている。

恒常性　homeostasis

表 13・3 緩衝液の例

緩衝液の種類	成分	pK_a
酸性緩衝液	CH_3COOH/CH_3COO^-	4.74
	HNO_2/NO_2^-	3.37
	$HClO_2/ClO_2^-$	2.00
塩基性緩衝液	NH_4^+/NH_3	9.25
	$(CH_3)_3NH^+/(CH_3)_3N$	9.81
	$H_2PO_4^-/HPO_4^{2-}$	7.21

13・7 ルイス酸・塩基

プロトンの関与しない電子対受容体にも酸という名称を，また通常ブレンステッド塩基に分類されない電子対供与体にも塩基という名称を与えるのが，**ルイス酸・ルイス塩基**の概念である。酸の本質はプロトンであるとの認識が確立してきた時期 (19 世紀末から 20 世紀初頭) に，このような一般化が必要になってきた一つの理由は，プロトン酸が触媒になる有機反応において，BF_3 や $AlCl_3$ も同様な触媒作用を及ぼすことが認められたからと言われる。酸・塩基の本質として，電子授受が重要であることが分かってきたからであろう。

ルイス酸・ルイス塩基
Lewis acid-base

たとえば，アンモニア NH_3 の N 原子上にある**非共有電子対**は，三フッ化ホウ素 BF_3 の B 原子の空いた軌道に供与できる。したがって，BF_3 はルイス酸であり，NH_3 はルイス塩基である。

$$H_3N: + BF_3 \longrightarrow H_3N:BF_3$$

電子対供与と受容により形成される結合を，錯結合あるいは**配位結合**と呼ぶ。結合に用いられる 2 個の電子が一方の化学種の非共有電子対起源であることを除き，形成された結合の本質は両方の化学種から 1 電子ずつ出し合う共有結合と同等である。生成物は**付加化合物**あるいは**錯体**という。主なルイス酸として，$Ag^+, BF_3, AlCl_3, SnCl_4$ などがあり，またルイス塩基として，$NH_3, C_5H_5N, PPh_3, OEt_2, SO_3$ などがある。

プロトン酸は H^+ を出す化合物であるが，H^+ は水和してヒドロキソニウムイオン H_3O^+ になる際に，H_2O の酸素上の非共有電子対を受容する。

$$H^+ + :\overset{H}{\underset{|}{O}}-H \longrightarrow \left[\overset{H}{\underset{|}{H-O-H}} \right]^+$$

また，水酸化物イオン OH^- との反応では，酸素上の非共有電子対を受け入れ，H_2O が生成する。

$$H^+ + :OH^- \longrightarrow [H-O-H]$$

H^+ と NH_3 の反応でアンモニウム陽イオン NH_4^+ が生成する反応でも

同様である。

$$H^+ + :NH_3 \longrightarrow \begin{bmatrix} H \\ | \\ H-N-H \\ | \\ H \end{bmatrix}^+$$

ルイスの酸・塩基の定義に従うと，H^+ と H_2O の反応において H^+ はルイス酸，H_2O はルイス塩基である。この結果，ブレンステッド酸・塩基はルイス酸・塩基の定義の中に含まれ，電子対の供与，受容の関係にある。

ルイスの考え方によると，遷移金属種に水 H_2O やアンモニア NH_3，三級ホスファン PR_3 などの配位子が配位した錯体形成も，ルイス酸，ルイス塩基相互作用によるものとみなせる。たとえば，$[Ag(NH_3)_2]Cl$，$[Co(H_2O)_6]Cl_3$ では Ag^I，Co^{III} がルイス酸，NH_3，H_2O がルイス塩基である。

演習問題

13・1 以下の酸の共役塩基，あるいは塩基の共役酸の化学式を書け。
(a) CH_3COOH (b) C_6H_5OH (c) NH_3 (d) NH_2NH_2

13・2 0.100 M の塩酸，酢酸，アンモニア水溶液の pH を計算せよ。ただし，解離平衡定数は次表に示す通り。また，活量を濃度で近似できるものとする。

酸	K_a
HCl	1.00×10^7
CH_3COOH	1.80×10^{-5}
NH_4^+	5.60×10^{-10}

13・3 ギ酸 HCO_2H の 0.200 M 水溶液 25×10^{-3} dm^3 を水酸化ナトリウムの 0.150 M 水溶液で滴定する際の当量点における pH を求めよ。ただし，HCO_2H の $K_a = 1.80 \times 10^{-4}$ である。

13・4 1) ホスホン酸(亜リン酸) H_3PO_3，2) チオ硫酸 $H_2S_2O_3$ のルイス式を書け。

13・5 次の化学種をルイス酸－ルイス塩基付加物とみなす場合，ルイス酸とルイス塩基の化学式を記せ。
1) H_2SO_4 2) $[Ag(NH_3)_2]Cl$

13・6 中和滴定曲線の当量点付近で曲線が急激に立ち上がる理由を述べよ。

13・7 オキソ酸の酸性度が，中心原子に結合した酸素原子の数が増すほど大きくなる理由について考察せよ。

13・8 pH の値が負になる場合はあるか。

第14章 反応速度と触媒

　反応速度は反応の種類と温度によって決まる速度定数と，反応物の濃度に依存する反応式から求められる。反応物濃度と反応速度の関係を実験により明らかにし，反応物の濃度項依存性から反応式を導く。濃度の次数により，1次反応，2次反応のように呼ばれる。1次反応における反応物の半減期は速度定数から直ちに計算でき，放射性物質の壊変時間などに適用される。1次反応以外の例として，2次反応の速度式の求め方を示す。多段階反応を経由して，反応が完結する場合は，素反応の中で最も遅い段階を律速段階と言う。反応速度は遷移状態を越えるための活性化エネルギーが大きくなるほど遅くなることが，アレニウスの式により示される。触媒は反応速度を増大させるので，合成化学や化学工業に不可欠であり，代表的触媒反応を概観する。反応の速度支配と熱力学支配の概念を提示する。

・・・・・

14・1　反応速度

　化学反応の進行方向は熱力学により判断できるが，熱力学は化学反応速度を決めることはできない。自発的な反応方向が明らかになっても，適当な速度で進まなければ実用的ではない。何年もかかって完結する反応では，実験室でも化学工業でも役に立たない。**反応速度**を支配する因子の中で最も重要な**速度定数**と**速度式**を単純な反応の場合について考える。速度定数は反応の種類と温度によって決まる定数である。化学反応は単純なものだけでなく，複雑なものが多く，**反応機構**を明らかにするのは簡単ではないが，原理的なことだけでも非常に有用である。

反応速度　reaction rate
速度定数　rate constant
反応機構　reaction mechanism

$$a\mathrm{A} + b\mathrm{B} \longrightarrow c\mathrm{C} + d\mathrm{D} \quad (14\text{-}1)$$

という一般的な化学反応を例にとって，反応速度を決める因子を解析する。速度は反応物の減少速度あるいは生成物の増加速度で測定できるので，反応物か生成物の時間毎の定量分析から速度式を導く。反応速度は

$$\text{rate} = -\frac{1}{a}\frac{d[\mathrm{A}]}{dt} = -\frac{1}{b}\frac{d[\mathrm{B}]}{dt} = +\frac{1}{c}\frac{d[\mathrm{C}]}{dt} = +\frac{1}{d}\frac{d[\mathrm{D}]}{dt} \quad (14\text{-}2)$$

で表される。4個の式の値は同じであり，それぞれの化学種の変化速度を量論数[*1]で割ったものを表している。

　反応速度は一般的に反応物の濃度が増加すると速くなり，

$$\text{rate} = k[\mathrm{A}]^m[\mathrm{B}]^n \quad (14\text{-}3)$$

という反応速度式でも表される。k を速度定数と呼ぶ。また m は A に

[*1]　**量論数（stoichiometric coefficient）**
　化学反応式を書く際に，反応前後における反応物と生成物の物質量の量的関係を化学量論（stoichiometry）という。反応前後で原子の数の増減がないように，各化合物の前につける係数を化学量論係数または量論数という。

ついての**反応次数**，n は B の反応次数である．速度定数の単位は反応速度の単位である $\mathrm{mol\,s^{-1}}$ または $\mathrm{M\,s^{-1}}$ に合うように決める．

反応次数　reaction order

　実際の反応では反応物が 2 種類以上ある場合が多いが，まず反応物が A のみで反応次数が 1 の速度式の特徴を考える．この種の反応を **1 次反応**という．反応速度は式 (**14-4**) に従う．

$$\mathrm{rate} = -\frac{\mathrm{d}[\mathrm{A}]}{\mathrm{d}t} = k[\mathrm{A}] \qquad (14\text{-}4)$$

この式から反応物の量の時間変化を求めるために，変数分離して時間に関して積分する．

$$\frac{\mathrm{d}[\mathrm{A}]}{[\mathrm{A}]} = -k\,\mathrm{d}t$$

$$\int_{[\mathrm{A}]_0}^{[\mathrm{A}]_t}\frac{\mathrm{d}[\mathrm{A}]}{[\mathrm{A}]} = \int_0^t (-k\,\mathrm{d}t)$$

$$\ln\frac{[\mathrm{A}]_0}{[\mathrm{A}]_t} = kt \qquad (14\text{-}5)$$

この式をプロットしたものが **図 14・1** である．ここで，$[\mathrm{A}]_0$ は反応開始時の反応物の濃度，$[\mathrm{A}]_t$ は反応時間 t 後の濃度である．k と t の時間単位（秒，分，時間，日など）は同じでなければならない．この式から，時間 t 後の反応物の濃度は

$$[\mathrm{A}]_t = [\mathrm{A}]_0 \mathrm{e}^{-kt} \qquad (14\text{-}6)$$

で表される．

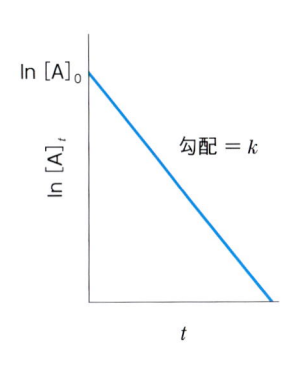

図 14・1　1 次反応の時間変化

　1 次反応において，反応物質の初期濃度 $[\mathrm{A}]_0$ が半分になる時間を**半減期**と呼ぶ．式 (**14-6**) において，$[\mathrm{A}]_t = (1/2)[\mathrm{A}]_0$ であるので，半減期を $t_{1/2}$ とすると，

$$\ln 2 = k t_{1/2}$$

$$t_{1/2} = \frac{\ln 2}{k} = \frac{0.693}{k} \qquad (14\text{-}7)$$

になるので，半減期は物質の初期濃度 $[\mathrm{A}]_0$ には無関係で，速度定数のみに依存する．放射性物質の自然壊変（3・5 節参照）は 1 次反応であるので，この速度式が適用できる．その際，壊変速度は通常，放射性物質の量が半分になる時間である半減期で示すことが多い．

　全ての反応が 1 次反応とは限らないので，その他の反応の例として **2 次反応** ($2\mathrm{A} \rightarrow \mathrm{B}$) の場合の濃度の時間変化を求めてみる．

$$-\frac{\mathrm{d}[\mathrm{A}]}{\mathrm{d}t} = k[\mathrm{A}]^2$$

変数分離をおこなうと，

$$-\frac{\mathrm{d}[\mathrm{A}]}{[\mathrm{A}]^2} = k\,\mathrm{d}t$$

反応物質の初期濃度を $[\mathrm{A}]_0$，反応開始時間を $t_0 = 0$，反応時間 t 後の

濃度を $[A]_t$ とすると，積分により，

$$\frac{1}{[A]_t} - \frac{1}{[A]_0} = kt$$

すなわち

$$\frac{1}{[A]_t} = kt + \frac{1}{[A]_0} \tag{14-8}$$

である。したがって，反応物質の濃度の逆数が反応時間に比例することになる。横軸に t，縦軸に反応物質濃度の逆数をプロットすると，勾配が k，切片が反応物質初期濃度の逆数の直線になる（**図 14・2**）。

化学反応は 1 段階で進行するとは限らない。複数段階の反応を経て最終生成物に至る反応も数多くある。各段階の反応を**素反応**と呼び，反応物から生成物ができる道筋が反応機構である。

$$R（反応物）\to A \to B \to C \to P（生成物）$$

のような段階で反応が進むとすると，反応全体の速度は最も遅い素反応速度で制限されるので，その段階を**律速段階**という。反応がどのような速度式に従うかは，実験値をいろいろな理論式にあてはめて導かれるが，一般にはかなり困難な作業となる。

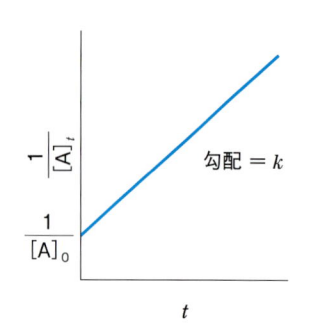

図 14・2 2 次反応の時間変化

素反応　elementary process

律速段階　rate-determining step

14・2　アレニウス式

化学反応の速度定数は温度の影響を受ける。これを最も直接的に示す関係式（**14-9**）をアレニウスが提案した。

$$k = Ae^{-E_A/RT} \tag{14-9}$$

定数 A は**前指数項**と呼ばれる。E_A は**活性化エネルギー**であり，R は気体定数である。活性化エネルギーは反応物と中間の**活性化遷移状態**の間のエネルギー差である（**図 14・3**）。

式（**14-9**）の対数をとると，

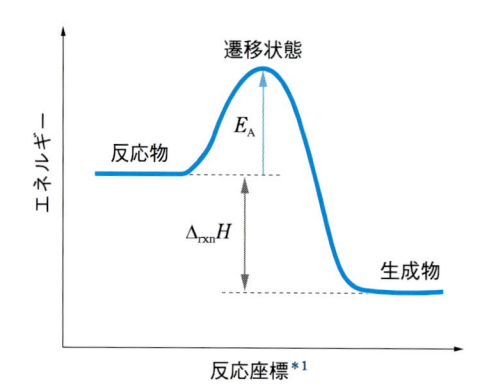

図 14・3 反応の進行とエネルギーの関係

*1　反応座標
反応の進行の様子を表す仮想的な座標軸である。左に反応物，中央に遷移状態，右に生成物を置く。

$$\ln k = \ln A - \left(\frac{E_\mathrm{A}}{R}\right) \times \frac{1}{T} \qquad (14\text{-}10)$$

となる。実験により異なる温度における速度定数 k を求め，それらの自然対数 $\ln k$ と絶対温度の逆数 $1/T$ をプロットすると直線が得られる。その切片から A を，勾配から E_A を算出できる。これを**アレニウスプロット**と呼ぶ（図 14・4）。前指数項 A に最も大きな寄与をするのは，反応分子の**頻度因子**と呼ばれる数である。

14・3 触 媒

触媒作用という言葉はベルセリウスが提案した。化学反応速度を速くする現象を意味しており，触媒作用をおこなうがそれ自身は変化しない物質を**触媒**という。反応経路を変化させて，活性化エネルギーを低下させることにより反応速度を速くする（図 14・5；図 14・3 参照）。

触媒反応は，反応物，触媒ともに同じ相（液相あるいは気相）にある**均一系触媒反応**と，反応物が液相あるいは気相にあり，触媒が固相にある**不均一系触媒反応**に分類できる。通常水溶液中で反応をおこなう**酸触**

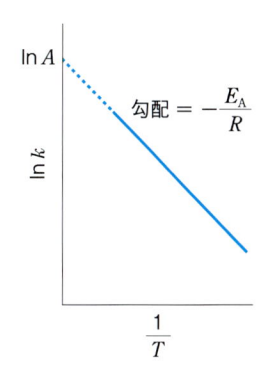

図 14・4　アレニウスプロット

頻度因子　frequency factor
触媒作用　catalysis
ベルセリウス　J. J. Berzelius
触媒　catalyst
均一系触媒反応　homogeneous catalysis
不均一系触媒反応　heterogeneous catalysis

アンモニア（NH_3）

常温常圧で無色の気体であり，強い刺激臭を持ち有毒である。アンモニア水として日常的にも使用されるが，化学工業では基礎的窒素源として極めて重要である。昔は窒素源がチリ硝石であったが，資源が枯渇し始めた頃，ハーバーとボッシュ（C. Bosch）が鉄系の触媒を用いることにより空気中の窒素ガスと水素ガスからアンモニアを合成するプロセスを発明し（1913 年），肥料などの窒素源枯渇の問題は解決した。しかし，爆薬の製造に憂いがなくなったことからドイツが第一次世界大戦に踏み切るきっかけともなり，大惨禍となった。

沸点 $-33.35\,°\mathrm{C}$，凝固点 $-77.7\,°\mathrm{C}$，水への溶解度 $33.1\,\mathrm{wt\%}\,(20\,°\mathrm{C})$ であり，冷却すると容易に液化して液体アンモニアになる。液体アンモニアが気化するときに熱を奪うので，以前は冷蔵庫の冷媒として使用されていた。アンモニアは比較的弱い塩基であるので，水中での電離は水酸化ナトリウムに比べはるかに小さい。白金－ロジウム系触媒で酸化すると酸化窒素が生成し，これから硝酸を合成する。酸で中和すると硝酸アンモニウム，硫酸アンモニウム，リン酸アンモニウムが生成し，主要な化学肥料となる。金属塩と反応するといろいろな錯化合物ができることは 19 世紀から分かっていたが，ウェルナー（A. Werner）が配位化学の概念を確立してノーベル賞を受賞し（1913 年），その後の錯体化学発展の基礎を築いた。

窒素固定細菌などが，大気中の窒素を固定して窒素化合物を生物に供給しており，この反応にはモリブデンと鉄が関与していることが明らかにされているので，この機構を真似て，窒素ガスと水素ガスあるいは水とからアンモニアを合成する人工系の発見に努力が傾注されているが，現状では実用的反応は発見されていない。

液体アンモニアはナトリウムなどのアルカリ金属を溶解し青い溶液になることが知られ，この青色は溶媒和した電子に基づくとされる。液体アンモニアは特殊な溶媒として合成化学においても使用されることがある。

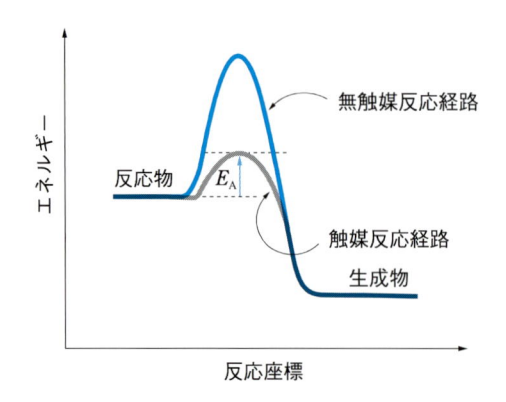

図14・5 触媒による活性化エネルギーの低下

媒，塩基触媒，あるいは有機溶媒中で反応をおこなう**錯体触媒**（例 [RhCl(PPh$_3$)$_3$]），大気中の気相触媒などは均一系触媒反応であり，アンモニア合成触媒（Fe-K/Al$_2$O$_3$-CaO）や自動車排ガス処理触媒（Pt-Rh-Pd）などの**固体触媒**による気体の反応などは不均一系触媒反応である。実験室における有機合成などには主に均一系触媒反応が用いられ，工業触媒や排ガス処理触媒などには主に不均一系触媒が用いられている。

化学工業は触媒がなければ成り立たない。触媒は，反応速度があまりにも遅いため事実上不可能な反応を実現するし，反応速度を速め，選択的に生成物を生成する触媒が化学製品のコストを下げる[*2]。また，近年実験室における有機合成においても，種々の金属化合物を用いる均一系触媒反応が主流を占めている。主要工業触媒反応を**表14・1**に挙げる。

活性化エネルギーを低下させるにはどのような機構によるのであろうか。1) 反応物がお互いに反応し易い位置に近づくこと，2) 反応物が触媒に結合することにより反応原子の極性（陽イオン性あるいは陰イオン

[*2] **酵素**
　生化学反応に対して触媒として働くタンパク質であり，反応速度を速めたり，反応特異性を高めたりする。とりわけ特定の反応物質にのみ作用する特異性が酵素の最重要特性である。

表14・1　主要工業触媒反応

反応名	反応と生成物	触媒
硫酸製造	$SO_2 + 1/2\,O_2 \rightarrow SO_3 \rightarrow H_2SO_4$	V_2O_5-K_2SO_4/SiO_2
アンモニア合成	$N_2 + 3H_2 \rightarrow 2NH_3$	Fe-K/Al$_2$O$_3$-CaO
メタノール合成	$CO + 2H_2 \rightarrow CH_3OH$	Zn-Cr 酸化物
オキソ法	$RCH=CH_2 + CO + H_2 \rightarrow RCH_2CH_2CHO$	Co$_2$(CO)$_8$
エチレン重合	$n\,CH_2=CH_2 \rightarrow (-CH_2-CH_2-)_n$	TiCl$_x$-AlR$_3$
ワッカー法	$C_2H_4 + 1/2\,O_2 \rightarrow CH_3CHO$	PdCl$_2$-CuCl$_2$
酢酸合成	$CH_3OH + CO \rightarrow CH_3COOH$	[Rh(CO)$_2$I$_2$]$^-$
自動車排ガス浄化	$HC + CO + NO_x \rightarrow CO_2 + H_2O + N_2$ （HC = 炭化水素）	Pt-Rh-Pd

性）が変化して結合形成に有利になること，3) 触媒との相互作用により反応物における結合が伸びて切断しやすくなること，などが考えられる。触媒反応が円滑に進行するためには，反応物が活性な触媒種上で反応して生成物が触媒種から離れると同時に**活性触媒種**が再生する触媒反応サイクルが形成されることが重要である。酸塩基触媒，錯体触媒などでは，これらの過程が分子レベルでかなり明らかになってきたが，固体触媒上の反応の解明は未だ非常に困難である。たとえば，窒素ガスと水素ガスからのアンモニア合成では鉄系の固体触媒を使用するので，触媒表面での窒素分子や水素分子の**活性化機構**が研究の中心になってきた。おそらく，これらの分子は触媒表面に吸着すると，N_2 分子の $N≡N$ 三重結合や H_2 分子の $H-H$ 単結合が長くなり，結合が切れやすくなる。その結果 反応性が著しく上昇し，N と H 間に結合が形成されアンモニアが生成するのであろう。

14・4　反応の熱力学支配と速度支配

同じ反応物の組み合わせでも，可逆反応では異なる反応条件によって生成物が異なる場合がよくある。ある反応が複数の生成物を生成するとき，生成比が生成物の相対的安定性で決定される現象を**熱力学支配**あるいは**平衡支配**という。生成比が生成物の相対的安定性に依存せず，生成物を与える反応速度で支配される現象を**速度支配**と呼ぶ。低温条件下では速度支配による生成物が優先的に生成し，相対的に高温条件下では熱力学支配による生成物が優先的に生成する。たとえば，1,3-ブタジエンに対する HCl の付加反応では，低温で 1,2 付加による生成物が，高温で 1,4 付加による生成物が得られる。

$$CH_2=CH-CH=CH_2 + HCl \longrightarrow CH_3-CH(Cl)-CH=CH_2$$
（1,2 付加）

$$CH_2=CH-CH=CH_2 + HCl \longrightarrow CH_3-CH=CH-CH_2(Cl)$$
（1,4 付加）

熱力学支配
thermodynamic control
平衡支配　equilibrium control
速度支配　kinetic control

反応の遷移状態に至るための活性化エネルギー E_A が小さくて**反応障壁**が低いほど反応速度が速いことは式 (14-9) から明らかである。つまり，低温では E_A が大きい反応より E_A が小さい反応が起こりやすい。したがって，複数の反応の可能性がある場合は E_A が小さい方の反応の生成物が優先的に生成するので，その反応を速度支配反応という。上の例では 1,2 付加反応である。一方，温度が十分高ければ，E_A が大きい反応も小さい反応も起こり，両方ともに平衡に到達する。熱力学的な安定性により，平衡濃度の大きい反応生成物が優先するので，その反応を熱力学支配反応という。上の例では 1,4 付加反応である。非可逆反応では温

度の高低にかかわらず，常に速度支配になる．

演 習 問 題

14・1 放射性ヨウ素同位体 ^{131}I の半減期は 8 日である．この核種の壊変速度定数を求めよ．

14・2 ある反応の活性化エネルギー E_A が 21 kJ mol^{-1} である．298 K と 373 K におけるこの反応の速度定数の比率を求めよ．ただし，前指数項 A は温度に依存しないと仮定する．

14・3 2 次反応の速度定数が表のように測定された．アレニウスプロットを作成し，この反応の活性化エネルギーを計算せよ．

温度/K	k/dm^3 mol^{-1} s^{-1}
298	7.5×10^{-5}
303	1.6×10^{-4}
308	3.0×10^{-4}
313	7.1×10^{-4}
318	1.5×10^{-3}
323	2.7×10^{-3}

14・4 次の反応を温度を変えて 5 時間おこなったところ，$-10\,°$C では C が，$100\,°$C では D が優先的に生成した．どちらの生成物が速度支配による生成物か．

$$A + B \longrightarrow C + D$$

14・5 2 次反応 (2A → B) の半減期を求めよ．

14・6 一般に反応温度が上昇すると反応速度が速くなる理由を，速度定数の温度依存式から説明せよ．

14・7 次の反応の速度データは表の通りである．

$$2\,\text{ICl (g)} + \text{H}_2\,\text{(g)} \longrightarrow \text{I}_2\,\text{(g)} + 2\,\text{HCl (g)}$$

実験番号	初期濃度/mmol dm^{-3}		初期速度/mmol dm^{-3} s^{-1}
	$[\text{ICl}]_0$	$[\text{H}_2]_0$	
1	1.5	1.5	0.37
2	3.0	1.5	0.74
3	3.0	4.5	2.20
4	4.7	2.7	?

(a) 反応の速度式を立てよ．
(b) 速度定数 k を求めよ．
(c) 実験 4 の初期速度を求めよ．

14・8 大気は炭素同位体 ^{12}C, ^{13}C, ^{14}C を含む．このうち ^{14}C は放射性である．動植物の体に含まれる炭素同位体 ^{14}C/^{12}C 比は生きている限り代謝により同じ値に保たれるが，死ぬと ^{14}C は半減期 5730 年で減っていく．木の化石中の ^{14}C の比率が現存の木のものに対し 72 % であるとすると，この化石の年代は何年か．

演習問題解答

序章 物理量と単位

0・1 温度 T, 圧力 p, P, 体積 V

0・2 力 N, エネルギー J, 電荷 C

0・3 $[E]=[l]^2[m][t]^{-2}$

0・4 $1\,\text{J} = \dfrac{1\,\text{eV}}{1.602 \times 10^{-19}} = 6.242 \times 10^{18}\,\text{eV}$

0・5 $1\,\text{atm} = 1.013 \times 10^5\,\text{Pa} = 1.013\,\text{bar}$

0・6 $100\,\text{L} = 100\,\text{dm}^3$

0・7 $R = \dfrac{(\text{m}^{-1}\,\text{kg}\,\text{s}^{-2})\,(\text{m}^3)}{(\text{mol})\,(\text{K})} = (\text{m}^2\,\text{kg}\,\text{s}^{-2})\,(\text{mol}^{-1})\,(\text{K}^{-1}) = \text{J}\,\text{K}^{-1}\,\text{mol}^{-1}$

0・8 $\text{C} \times \text{V} = (\text{A}\,\text{s})\,(\text{m}^2\,\text{kg}\,\text{s}^{-3}\,\text{A}^{-1}) = \text{m}^2\,\text{kg}\,\text{s}^{-2} = \text{J}$

第1章 元素

1・1 元素は物質の構成要素であり，同一の原子番号を有する原子の種類を元素という．元素は比較的実体性に乏しい抽象的な総称であるが，各元素を構成する原子は一定の大きさを持つ粒子である．原子の集合により，元素単体および化合物が形成される．

1・2 単体：ダイヤモンド，水銀，液体臭素，ヘリウムガス
化合物：水晶，食塩，水，硫酸，炭酸ガス，メタンガス

1・3 Ag (argentum ラテン語), Na (Natrium ドイツ語),
Au (aurum ラテン語), Pb (plumbum ラテン語),
Sb (stibium ラテン語), Fe (ferrum ラテン語),
Sn (stannum ラテン語), Hg (hydrargyrum ラテン語),
W (Wolfram ドイツ語), K (Kalium ドイツ語)

1・4 式 (1-1) にアルゴンに対する値を代入すると，

$$(Z-1)^2 = \dfrac{3.000 \times 10^8\,\text{m}\,\text{s}^{-1}}{(2.470 \times 10^{15}\,\text{s}^{-1}) \times (4.192 \times 10^{-10}\,\text{m})} = 290$$

$$Z = 18$$

式 (1-1) にカリウムに対する値を代入すると，

$$(Z-1)^2 = \dfrac{3.000 \times 10^8\,\text{m}\,\text{s}^{-1}}{(2.470 \times 10^{15}\,\text{s}^{-1}) \times (3.741 \times 10^{-10}\,\text{m})} = 325$$

$$Z = 19$$

になり，アルゴンとカリウムを原子番号順に並べると，それぞれ貴ガスおよびアルカリ金属に所属するようになる．

1・5 遷移元素の"遷移"は主要族元素1族，2族から13〜18族へ移行する途中という意味であるので，d軌道が完全に満たされる12族は区切りとして適当であることが最大の理由である．また，12族金属が遷移金属に類似している点は，アンモニア，アミン，ハライド，シアニドなどと錯体を形成することであるが，遷移元素はd軌道が完全には満たされていない元素と定義されるので，12族元素はこの定義に合致しない．化学的性質もむしろ2族元素のベリリウムやマグネシウムに類似しており，d電子は価電子としての役割はない．

1・6

	1	2	3	4	5	6	7	8	9	10	11	12	13	14	15	16	17	18	19	20	21	22	23	24	25	26	27	28	29	30	31	32
1	H																															He
2	Li	Be																									B	C	N	O	F	Ne
3	Na	Mg																									Al	Si	P	S	Cl	Ar
4	K	Ca	Sc														Ti	V	Cr	Mn	Fe	Co	Ni	Cu	Zn	Ga	Ge	As	Se	Br	Kr
5	Rb	Sr	Y														Zr	Nb	Mo	Tc	Ru	Rh	Pd	Ag	Cd	In	Sn	Sb	Te	I	Xe
6	Cs	Ba	La	Ce	Pr	Nd	Pm	Sm	Eu	Gd	Tb	Dy	Ho	Er	Tm	Yb	Lu	Hf	Ta	W	Re	Os	Ir	Pt	Au	Hg	Tl	Pb	Bi	Po	At	Rn
7	Fr	Ra	Ac	Th	Pa	U	Np	Pu	Am	Cm	Bk	Cf	Es	Fm	Md	No	Lr	Rf	Db	Sg	Bh	Hs	Mt	Ds	Rg	Cn	Nh	Fl	Mc	Lv	Ts	Og

1・7

主要族元素

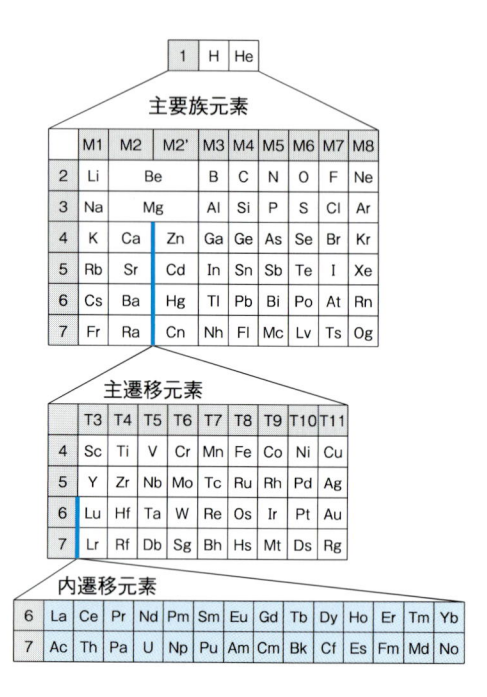

	M1	M2	M2'	M3	M4	M5	M6	M7	M8
1									H He
2	Li	Be		B	C	N	O	F	Ne
3	Na	Mg		Al	Si	P	S	Cl	Ar
4	K	Ca	Zn	Ga	Ge	As	Se	Br	Kr
5	Rb	Sr	Cd	In	Sn	Sb	Te	I	Xe
6	Cs	Ba	Hg	Tl	Pb	Bi	Po	At	Rn
7	Fr	Ra	Cn	Nh	Fl	Mc	Lv	Ts	Og

主遷移元素

	T3	T4	T5	T6	T7	T8	T9	T10	T11
4	Sc	Ti	V	Cr	Mn	Fe	Co	Ni	Cu
5	Y	Zr	Nb	Mo	Tc	Ru	Rh	Pd	Ag
6	Lu	Hf	Ta	W	Re	Os	Ir	Pt	Au
7	Lr	Rf	Db	Sg	Bh	Hs	Mt	Ds	Rg

内遷移元素

6	La	Ce	Pr	Nd	Pm	Sm	Eu	Gd	Tb	Dy	Ho	Er	Tm	Yb
7	Ac	Th	Pa	U	Np	Pu	Am	Cm	Bk	Cf	Es	Fm	Md	No

1・8 各半金属元素単体の抵抗率 $\rho/10^{-8}\,\Omega$ は As 33.3；B 1.8×10^{12}；Ge 46×10^{6}；Sb 39；Si $3\sim 4$；Te 4.36×10^{5} である．典型的な金属では Al 2.50；Ag 1.47；Au 3.2；Cu 1.55；Fe 8.9 であるので，半金属の多くは半導体である．

第 2 章 物 質 量

2・1 $N_A = \dfrac{M}{\rho \times v} = \dfrac{28.08538 \times 10^{-3}\,\text{kg mol}^{-1}}{2.32904 \times 10^{3}\,\text{kg m}^{-3} \times 2.00241 \times 10^{-29}\,\text{m}^{3}} = 6.02213 \times 10^{23}\,\text{mol}^{-1}$

2・2 $1.0078 \times 0.99985 + 2.0140 \times 0.00015 = 1.0080$

2・3 $R = 8.314\,\text{J K}^{-1}\,\text{mol}^{-1} = 8.314\,\text{Pa m}^{3}\,\text{K}^{-1}\,\text{mol}^{-1}$

$= 8.314 \times \dfrac{1\,\text{atm}}{101325} \times 10^{3}\,\text{L K}^{-1}\,\text{mol}^{-1}$

$= 0.082\,\text{L atm K}^{-1}\,\text{mol}^{-1}$

2・4 気体の状態方程式より

$$n = \dfrac{1.7 \times 10^{5}\,\text{Pa} \times 5.0 \times 10^{-3}\,\text{m}^{3}}{8.314\,\text{J K}^{-1}\,\text{mol}^{-1} \times 296.15\,\text{K}} = \dfrac{850\,\text{J}}{8.314\,\text{J K}^{-1}\,\text{mol}^{-1} \times 296.15\,\text{K}} = 0.345\,\text{mol}$$

2・5 NaCl の式量は $22.99 + 35.45 = 58.44$ であるので,溶かした塩化ナトリウムは 4.714×10^{-3} kg/58.44×10^{-3} kg mol^{-1} = 0.08066 mol である.したがって,この溶液のモル濃度は

$$0.08066 \, \text{mol}/0.150 \, \text{dm}^3 = 0.5377 \, \text{mol dm}^{-3} = 0.5377 \, \text{M}$$

2・6 ナフタレン $C_{10}H_8$ の分子量は $12.011 \times 10 + 1.008 \times 8 = 128.17$ であるので,必要なナフタレンの量を x g とすると,

$$(x/128.17) \, \text{mol}/0.200 \, \text{dm}^3 = 0.150 \, \text{mol/dm}^3 \quad \text{となり,} \quad x = 3.845 \, \text{g}$$

3.845 g のナフタレンを 0.200 dm^3 (= 200 mL) のメスフラスコに入れ,標線までベンゼンを加えて溶解する.

2・7 ショ糖の水溶液に含まれるモル数を n とすると,

$$n \, \text{mol}/0.020 \, \text{dm}^3 = 0.20 \, \text{M} \quad \text{となり,} \quad n = 0.004$$

したがって,ショ糖のモル数は 0.004 mol である.

2・8 過マンガン酸カリウム 1 M 水溶液は酸化試薬として 5 N である.KMnO$_4$ の式量は 158.03 であるので,必要な試薬量を x kg とすると,

$$\{x/(158.03 \times 10^{-3} \, \text{kg})\}/1.00 \, \text{dm}^3 = 0.050 \times \frac{1}{5} \, \text{mol dm}^{-3} \quad x = 1.58 \times 10^{-3} \, \text{kg}$$

第3章 原子の構造

3・1 2.60×10^{-10} m/20000 = 1.30×10^{-14} m

3・2 電子数:6個,陽子数:6個,中性子数:7個

3・3

		電子殻					
		K	L	M	N	O	P
周期	1	2					
	2	2	8				
	3	2	8	8			
	4	2	8	18	8		
	5	2	8	18	18	8	
	6	2	8	18	32	18	8

3・4 $\dfrac{\{(9.109 \times 10^{-31}) \times 6 + (1.673 \times 10^{-27}) \times 6 + (1.675 \times 10^{-27}) \times 7\} \, \text{kg}}{\{(9.109 \times 10^{-31}) \times 6 + (1.673 \times 10^{-27}) \times 6 + (1.675 \times 10^{-27}) \times 6\} \, \text{kg}} \times 12.000 = 13.000$

3・5 2個の水素原子の組み合わせは6種類あり,それぞれの組み合わせに対して3種類の酸素原子が結合するので,質量の異なる 18 種類の水分子がある.

3・6 $\lambda = \dfrac{\ln 2}{30.1 \, \text{y}} = 2.30 \times 10^{-2} \, \text{y}^{-1}$

3・7 $^{226}_{88}\text{Ra} \longrightarrow \, ^{222}_{86}\text{Rn} + \, ^{4}_{2}\text{He}$

3・8 $^{235}_{92}\text{U} + \text{n} \longrightarrow \, ^{236}_{92}\text{U} \longrightarrow \, ^{90}_{36}\text{Kr} + \, ^{144}_{56}\text{Ba} + 2\,\text{n}$

第4章 電子のエネルギー

4・1 光子1個あたりのエネルギーは

$$h\nu = (6.626 \times 10^{-34} \, \text{J s}) \times (5.000 \times 10^{14} \, \text{s}^{-1}) = 3.313 \times 10^{-19} \, \text{J}$$

したがって 1 モルの光子は

$$3.313 \times 10^{-19}\,\text{J} \times 6.022 \times 10^{23}\,\text{mol}^{-1} = 1.995 \times 10^5\,\text{J mol}^{-1} = 1.955 \times 10^2\,\text{kJ mol}^{-1}$$

4・2 この電子の速度は

$$v = \frac{h}{m_\text{e} \times \lambda}$$

したがって, 運動エネルギーは

$$E = \frac{1}{2}m_\text{e}v^2 = \frac{h^2}{2\,m_\text{e}\lambda^2} = \frac{(6.626 \times 10^{-34}\,\text{J s})^2}{2 \times (9.109 \times 10^{-31}\,\text{kg})(500 \times 10^{-12}\,\text{m})^2}$$

$$= 9.640 \times 10^{-19}\,\text{J}$$

4・3 $\lambda = h/m_\text{e}v = (6.626 \times 10^{-34}\,\text{J s})/\{(9.109 \times 10^{-31}\,\text{kg}) \times (2.000 \times 10^6\,\text{m s}^{-1})\}$

$\qquad = 3.637 \times 10^{-10}\,\text{m} = 364\,\text{pm}$

4・4 $\lambda = c_0/\nu = 3.00 \times 10^8\,\text{m s}^{-1}/6.40 \times 10^{14}\,\text{s}^{-1} = 4.69 \times 10^{-7}\,\text{m} = 469\,\text{nm}$

4・5 $\nu = c_0/\lambda = 3.00 \times 10^8\,\text{m s}^{-1}/700 \times 10^{-9}\,\text{m} = 4.29 \times 10^{14}\,\text{s}^{-1}$

4・6 $-\varepsilon cl = \log(I/I_0)$ であるので,

$$\varepsilon = \log(0.270)/-\{(1.20 \times 10^{-4}\,\text{M}) \times (1\,\text{cm})\}$$

$$= 0.569/\{(1.20 \times 10^{-4})\,\text{M cm}\}$$

$$= 4.74 \times 10^3\,\text{M}^{-1}\,\text{cm}^{-1}$$

4・7 $\dfrac{1}{\lambda} = R_\infty \times \left(\dfrac{1}{2^2} - \dfrac{1}{3^2}\right) = 1.097\,\text{m}^{-1} \times 10^7 \times \left(\dfrac{1}{4} - \dfrac{1}{9}\right)$

$\qquad = 1.524 \times 10^6\,\text{m}^{-1}$

$\quad \lambda = 6.562 \times 10^{-7}\,\text{m} = 656\,\text{nm}$

4・8 $\dfrac{1}{\lambda} = R_\infty \times \left(\dfrac{1}{3^2} - \dfrac{1}{\infty}\right) = 1.097 \times 10^7\,\text{m}^{-1} \times \dfrac{1}{9}$

$\qquad = 1.219 \times 10^6\,\text{m}^{-1}$

$\quad \nu = \dfrac{c_0}{\lambda} = 3.000 \times 10^8\,\text{m s}^{-1} \times 1.219 \times 10^6\,\text{m}^{-1}$

$\qquad = 3.657 \times 10^{14}\,\text{s}^{-1}$

第5章 波動関数と原子軌道

5・1 $r = \dfrac{1^2 \times (8.854 \times 10^{-12}\,\text{F m}^{-1}) \times (6.626 \times 10^{-34}\,\text{J s})^2}{\pi\,(9.109 \times 10^{-31}\,\text{kg})(1.602 \times 10^{-19}\,\text{C})^2}$

$\quad = \dfrac{(8.854 \times 10^{-12}\,\text{C V}^{-1}\,\text{m}^{-1})(6.626 \times 10^{-34}\,\text{C V s})^2}{\pi\,(9.109 \times 10^{-31}\,\text{kg})(1.602 \times 10^{-19}\,\text{C})^2}$

$\quad = 5.293 \times 10^{-11}\,\text{m} = 52.93\,\text{pm}$

5・2 $\text{J} = \text{kg m}^2\,\text{s}^{-2} = \text{C V}$ の関係を用いると

$$\nu = \dfrac{(9.109 \times 10^{-31}\,\text{kg})(1.602 \times 10^{-19}\,\text{C})^4}{8 \times (8.854 \times 10^{-12}\,\text{F m}^{-1})^2 (6.626 \times 10^{-34}\,\text{J s})^3} \times \left(\dfrac{1}{1^2} - \dfrac{1}{2^2}\right)$$

$$= \dfrac{(9.109 \times 10^{-31}\,\text{kg})(1.602 \times 10^{-19}\,\text{C})^4}{8 \times (8.854 \times 10^{-12}\,\text{C V}^{-1}\,\text{m}^{-1})^2 (6.626 \times 10^{-34}\,\text{C V s})^3} \times \dfrac{3}{4}$$

$$= 2.466 \times 10^{15}\,\text{s}^{-1}$$

$$\lambda = \dfrac{c_0}{\nu} = \dfrac{3.000 \times 10^8\,\text{m s}^{-1}}{2.466 \times 10^{15}\,\text{s}^{-1}}$$

$$= 1.217 \times 10^{-7}\,\text{m} = 121.7\,\text{nm}$$

5・3 s 軌道は $l = 0$ であるので, $2l + 1 = 1$ 個, f 軌道は $l = 3$ であるので, $2l + 1 = 7$ 個である。

5・4 1) 5 個の軌道がある。2) 節面が 2 枚あり, 節面に関して対称的なローブの位相が互いに逆になってい

演習問題解答　115

る。3) 座標軸方向にローブがある軌道が2種類，座標軸の間にローブがある軌道が3種類ある。

5・5 d軌道は五重に縮退しているので，独立な軌道は5個しかない。$r^2 = x^2 + y^2 + z^2$ であるので，$d_{x^2-z^2}$ と $d_{y^2-z^2}$ を線形結合した $d_{2z^2-x^2-y^2} = d_{3z^2-r^2}$ が5個目のd軌道になる。同じ形で独立な5個の軌道を描くことも可能であるが，直交座標軸に対する方向がずれており，あまり見やすくないので通常は用いられない。

5・6 $-\dfrac{h^2}{8\pi^2 m}\dfrac{d^2(A\sin kx)}{dx^2} = \dfrac{h^2 k^2}{8\pi^2 m} A\sin kx = EA\sin kx$

したがって，もし $k = \left(\dfrac{8\pi^2 mE}{h^2}\right)^{\frac{1}{2}}$ であれば，この方程式は成立する。

5・7 変位が正の最大値になる位相は $\sin\theta = 1$ の角度であるので $\theta = \pi\left(\dfrac{1}{2} \pm 2n\right)$ になる。また負の最大値になる位相は $\sin\theta = -1$ の角度であるので，$\theta = \pi\left(\dfrac{3}{2} \pm 2n\right)$ である。

5・8 極座標図は波動関数や電子密度が等しい点を結んだものではないので，電子の存在領域を正確に反映していない。これに対し，等高線図は等しい点を結んでいるので，電子雲の描写としてよりふさわしい。

第6章　原子の電子構造

6・1 アルカリ金属は貴ガス構造の閉じた内殻と1個の外殻 ns 電子が付加した電子配置を持つ。この閉じた内殻は原子核の電荷の遮蔽効果が大きいので，有効核電荷が著しく減少する。

6・2 酸素原子の4個の2p電子のうち，3個はフントの規則に従い，異なる軌道 $2p_x$，$2p_y$，$2p_z$ 軌道を占める。4番目の電子はこの3個の軌道のいずれかに入るが，パウリの原理によりスピンが逆平行になる。価電子のうち2個は対になっていない。

6・3 原子番号10の元素は電子配置が $1s^2 2s^2 2p^6$ のネオンである。それぞれの副殻の量子数は表のようになる。

n	l	m_l	m_s
1	0	0	+1/2
1	0	0	−1/2
2	0	0	+1/2
2	0	0	−1/2
2	1	+1	+1/2
2	1	+1	−1/2
2	1	0	+1/2
2	1	0	−1/2
2	1	−1	+1/2
2	1	−1	−1/2

6・4 原子番号20の原子は20個の電子を持つ。エネルギー順に $1s^2 2s^2 2p^6 3s^2 3p^6 4s^2$ である。これはCaの電子構造である。

6・5 $n=3$，$l=2$ の軌道は3d軌道であるので，収容できる電子数は10個である。

6・6 各副殻中の電子に対する遮蔽効果の程度は異なる。s電子は原子核に近いので，内側の電子殻を通して貫入 (penetration) する。貫入の結果，s電子に対する遮蔽は小さくなり，原子核により強く引かれ，エネルギーが低下する。同じ副殻中のp電子の貫入はs電子より小さく，原子核に引かれる程度が低くなりエネル

ギーは上昇する．d電子はさらに貫入が小さくなるのでエネルギーも高くなる．4s電子になると，3d電子より貫入が大きくなり，エネルギー逆転（4s＜3d）の原因となる．

6・7 電子がエネルギーの高い軌道に励起された励起状態の一つは，2s軌道の電子1個が2p軌道に入ったものである．すなわち，

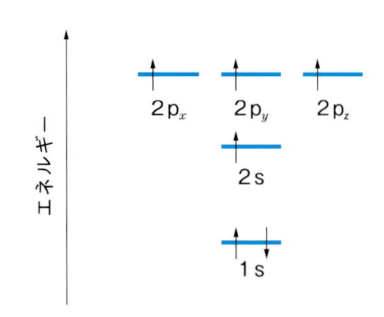

（エネルギー準位図：1s↑↓, 2s↑, 2p$_x$↑, 2p$_y$↑, 2p$_z$↑）

6・8 1) Rb：[Kr]5s^1, 2) Y：[Kr]4d^{1}5s^2, 3) I：[Kr]4d^{10}5s^{2}5p^5, 4) Nd：[Xe]4f^{4}6s^2

第7章 分子軌道法

7・1 結合性軌道 $\sigma 2s$, $\sigma 2p$, 二重縮退の $\pi 2p$ と反結合性軌道 $\sigma^* 2s$ に2個ずつの電子が詰まっているので（図は省略），結合次数は $1/2 \times (8-2) = 3$ である．すなわち，窒素原子間は三重結合である．

7・2 二重縮退の $\pi^* 2p$ 軌道である．フントの規則により，2個の軌道に1個ずつの電子が入るので，2個の不対電子が存在し，酸素分子は基底状態で常磁性を示す．

7・3 ホウ素は第2周期13族の元素であり，原子の価電子配置は $2s^2 2p$ である．1個の2s軌道と2個の2p軌道の混成により3個の sp^2 混成軌道ができ，それぞれがフッ素原子と σ 結合して正三角形構造の BF$_3$ 分子を形成する．

7・4 フッ素原子の価電子配置は $2s^2 2p^5$ であるので，図7・6の O$_2$，F$_2$ の分子軌道図において，下から7番目までの軌道に2個ずつ，計14個の電子が入る．

7・5 たとえば，水 H$_2$O 分子では1個の酸素原子と2個の水素原子が 104.5° の角度を成す2つの OH 結合で結合している．価電子は酸素の $2s^2 2p^4$ の6個と2個の水素の 1s 電子2個の計8個である．したがって4つの分子軌道が占有されているが，このうちの1つは酸素の 2p$_x$ 軌道だけから成り，この軌道の電子は結合に関与しない非共有電子対である．このように結合に関与しない分子軌道を非結合性軌道と呼ぶ．また，たとえば s 軌道が p 軌道に接近する場合，右図のように p 軌道の中心に対し横から重なると，位相が同符号の部分と異符号の部分が同程度になるので，結合性でも反結合性でもなくなる．すなわち，非結合性の相互作用であり，分子軌道図においても，p 軌道の準位が変わらない．問題 7・6 の解答参照．

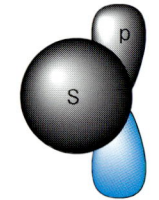

7・6

[分子軌道エネルギー準位図: HF分子。H1s と F2p, F2s から 1σ, 2σ, 1π, 3σ 軌道を形成]

1π軌道はHOMOであり，非結合性軌道である。

7・7

[分子軌道エネルギー準位図: CO分子。C2s, C2p と O2s, O2p から 1σ, 2σ, 3σ, 1π, 2π, 4σ 軌道を形成]

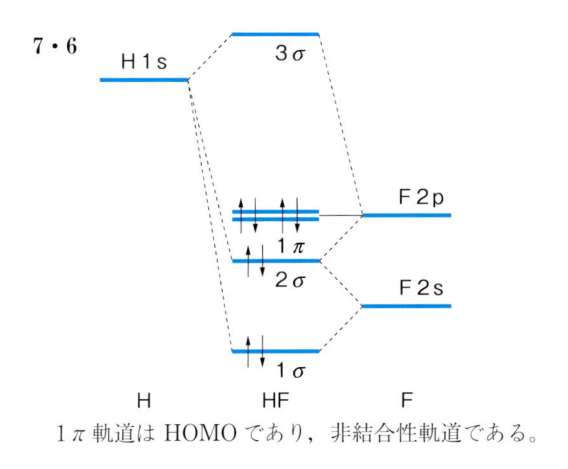

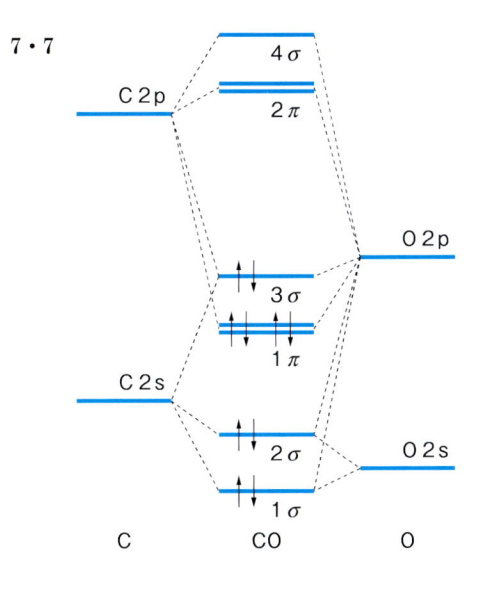

7・8

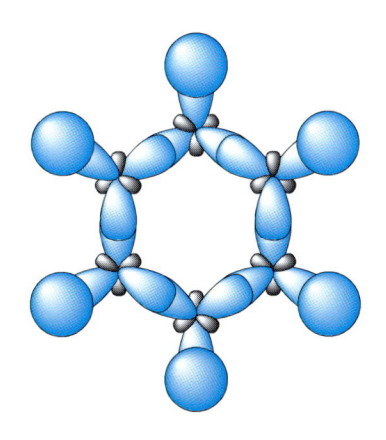

[ベンゼンのπ分子軌道の図]

第8章　化学結合

8・1 同じ周期では価電子は同じ殻の軌道に入るが，右に行くほど有効核電荷が増加するので，電子がより強く原子核に引き付けられる結果 原子半径がより小さくなる。また同じ族では下に行くほど，価電子は主量子数が大きい軌道を占めるので半径が大きくなる。

8・2
$$F = \frac{(1.602 \times 10^{-19}\,\text{C})^2}{4\pi \times (8.854 \times 10^{-12}\,\text{C}^2\,\text{N}^{-1}\,\text{m}^{-2})(1.275 \times 10^{-10}\,\text{m})^2}$$
$$= \frac{2.566 \times 10^{-38}\,\text{C}^2}{1.809 \times 10^{-30}\,\text{C}^2\,\text{N}^{-1}}$$
$$= 1.419 \times 10^{-8}\,\text{N}$$

8・3 電気陰性度は N (3.07)，H (2.20)，O (3.50) であるので，NH_3 においては N が陰イオン性になり，NO_2 においては O が陰イオン性になる。成分原子の電気陰性度の差は NH_3 では 0.87，NO_2 では 0.43 であるので，NH_3 のイオン結合性の方が大きい。

8・4
$$\chi_{\text{AR}} = 0.744 + \frac{3590 \times 3.1}{77^2}$$
$$= 2.62$$

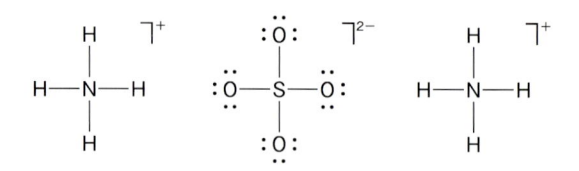

8・5 [構造式: [NH4]+, [SO4]2-, [NH4]+ のルイス構造]

8・6 :C≡O:

8・7 HOMOは最高被占準位であるので，ここから電子を無限遠に励起するエネルギーがイオン化エネルギーの近似値になる．また，無限遠からLUMOに電子を付加するのに伴うエネルギーが電子親和力の近似値になる．したがって，マリケンの電気陰性度はHOMOとLUMOのエネルギーの平均値となる．

8・8

	AgF	AgCl	AgBr	AgI
イオン間距離計算値/pm	259	307	322	346
イオン間距離実測値/pm	247	277	288	304
計算値と実測値の差/pm	12	30	34	42
電気陰性度の差	2.7	1.4	1.3	0.8

計算値と実測値の差は電気陰性度の差が小さくなるほど広がる．このことは，AgFからAgIに行くに従いイオン結合性が減少し共有結合性が増すことに対応する．

第9章 固体の結合と構造

9・1 X線が結晶にあたると，散乱波の重なり（合成という）により定まった方向に強い波が出る．この波を回折波というが，結晶格子面による反射波の干渉として説明される．結晶構造解析は，反射波の規則的なパターンから複雑な計算により，もとの格子における原子の並び方を導き出す．非晶質では構成原子が結晶のように規則的に並んでいないので反射波の干渉が起こらず，したがって反射波は規則的なパターンを示さないので構造を知ることができない．

9・2 塩化ナトリウムの化学式NaClはナトリウムと塩素の比率を表しているが，塩化ナトリウム結晶は無限数のイオンからできているので分子量を定めることができない．しかし結晶を低圧で高温に加熱すると気相では塩化ナトリウム分子が生成する．ナトリウムと塩素の原子量の和22.99 + 35.45 = 58.44は気相における分子量である．またこの値は固相の式量とも呼ばれ，たとえば水溶液で反応に関与する塩化ナトリウムの当量を表すことができる．

9・3 図9・1に示してあるイオンの数に対して，格子内に存在するイオンは1，格子の面上のイオンは2個の格子に共有されているので1/2，格子の稜上のイオンは4個の格子に共有されているので1/4，格子の角上のイオンは8個の格子に共有されているので1/8を掛けた数になる．したがって，単位格子内の陽イオンNa^+は$1 + 12 \times 1/4 = 4$，陰イオンCl^-は$8 \times 1/8 + 6 \times 1/2 = 4$である．単位格子のとり方により，陽イオンと陰イオンは場所を交換するが，数は同一になる．

9・4 ナトリウム陽イオン半径は102 pm，セシウム陽イオン半径は167 pm，塩素陰イオン半径は181 pmである．陽イオンと陰イオンの半径比を求めると，塩化ナトリウムは0.563，塩化セシウムは0.922である．陽イオンと陰イオンのそれぞれの配位数が大きいほど，静電相互作用による安定化が大きくなるので，半径比が大きい構造の方が有利になる．しかしまた陽イオンと陰イオン間の距離が短いほど，引力が大きくなる．仮に塩化ナトリウムが8配位の塩化セシウム構造をとると，塩素イオンが形成する立方体の中のナトリウムは塩素イオンとの距離が離れるので，Na–Cl静電引力が小さくなってしまう．すなわち，全体の静電引力の大きさが$6 \times F^6_{NaCl} > 8 \times F^8_{NaCl}$になるので塩化ナトリウム構造の方が有利になる．（本来，最近接のイオン間だけでなく，周囲の全ての陽イオン，陰イオンとの相互作用のエネルギーを考慮した取り扱いが必要である．マーデルング定数 (Madelung constant) の導出と意味などは，より詳細な無機化学教科書を参照のこと．）

9・5 フッ素Fは全て単位格子中に含まれるので8個である．カルシウムCaは立方体の頂点に8個，面に6

個あるので $8 \times 1/8 + 6 \times 1/2 = 4$ 個である．すなわち単位格子中に CaF_2 が 4 個含まれる．

9・6 有限個の炭素原子の複数の結合手が互いに結ぶ結果，立体的要請から構造が完結して，もはや次の炭素原子と結合できなくなるとき，分子性の単体ができる．無限個の炭素原子が結合できる立体的条件があれば，非分子性の固体になる．

9・7 $SiO_{4/2}$ のように書けば，2 個のケイ素を架橋する 4 個の酸素があることを示せる．架橋原子を持つ固体化合物の化学式をこのように表す場合があるので覚えておくと有用である．

9・8 2 価の鉄イオンが x，3 価の鉄イオンが y とすると，$x + y = 0.9$，酸化鉄は中性であり $2x + 3y = 2$ になるので，この連立方程式を解くと，$x = 0.7$，$y = 0.2$ になる．したがって 2 価の鉄イオンが 77.8 % (0.7/0.9)，3 価の鉄イオンが 22.2 % (0.2/0.9) である．

第 10 章 熱力学第一法則

10・1 系は外界に対して仕事をし，熱を吸収する．外界に対する仕事は
$$-p\Delta V = 1.50 \times 10^5 \, \text{Pa} \times (6.00 \times 10^{-3} \, \text{m}^3 - 4.00 \times 10^{-3} \, \text{m}^3) = 3.00 \times 10^2 \, \text{J}$$
流入する熱は 1000 J であるので，内部エネルギー変化は
$$\Delta U = -300 \, \text{J} + 1000 \, \text{J} = 700 \, \text{J}$$
となり，気体のエネルギーは増大している．

10・2 (1) $\times 3/2 -$ (2) $\times 1/2$
$$\frac{3}{2} H_2(g) - NH_3(g) = -\frac{1}{2} N_2(g) + 46 \, \text{kJ}$$
移項すると
$$\frac{1}{2} N_2(g) + \frac{3}{2} H_2(g) = NH_3(g) + 46 \, \text{kJ}$$
よって，アンモニアの生成熱は $46 \, \text{kJ mol}^{-1}$ である．

10・3 $MgO(s) + CO_2(g) \longrightarrow MgCO_3(s)$
$$\Delta_{rxn}H° = (-1095.8) - (-601.7) - (-393.5) = -100.6 \, \text{kJ mol}^{-1}$$

10・4 水のモル数は $70.0 \, \text{g}/18.0 \, \text{g mol}^{-1} = 3.89 \, \text{mol}$
100 ℃ における水のモル蒸発エンタルピー $\Delta_{vap}H$ を $x \, \text{J mol}^{-1}$ とすると
$$70.0 \, \text{g} \times (100.0 \, \text{℃} - 25.0 \, \text{℃}) \times 4.18 \, \text{J g}^{-1} \text{℃}^{-1} + 3.89 \, \text{mol} \times x \, \text{J mol}^{-1}$$
$$= 181500 \, \text{J}$$
$$x = (181500 \, \text{J} - 21945 \, \text{J})/3.89 \, \text{mol} = 41017 \, \text{J mol}^{-1}$$
$$= 41.0 \, \text{kJ mol}^{-1}$$

10・5 $q = 10.20 \, \text{g} \times (0.385 \, \text{J g}^{-1} \text{℃}^{-1}) \times (152.1 \, \text{℃} - 25.2 \, \text{℃})$
$$= 498.3 \, \text{J}$$

10・6 宇宙 (系 + 外界) 内では物質や熱が移動しても宇宙の外には出ないので，宇宙は閉鎖系であるとともに断熱系である．したがって宇宙は孤立系である．地球上では完全な断熱系は実現できないので，実際の宇宙そのもの以外に孤立系はない．

10・7 開放系も閉鎖系も外界とエネルギーの授受をするので，内部エネルギーは保存されない．孤立系の内部エネルギーは保存されるが，完全な断熱系である宇宙のみが孤立系であるので，内部エネルギー保存則は宇宙においてのみ成立する．

10・8 エンタルピーは状態量であるので，化合物のエンタルピーはその生成経路に依存せず一定である．その値は単体のエンタルピーを 0 として算出されている．したがって，生成物，反応物のエンタルピーの差が注目する反応のエンタルピー変化に等しい．

第11章 熱力学第二法則

11・1 $\Delta S = \dfrac{q}{T_b} = \dfrac{\Delta H°}{T_b} = \dfrac{40.7\,\text{kJ}\,\text{mol}^{-1}}{373\,\text{K}}$
$\qquad\quad = 109\,\text{J}\,\text{K}^{-1}\,\text{mol}^{-1}$

11・2 $\Delta_{\text{rxn}}S° = 2 \times (192.45\,\text{J}\,\text{K}^{-1}\,\text{mol}^{-1}) - 191.61\,\text{J}\,\text{K}^{-1}\,\text{mol}^{-1} - 3 \times 130.68\,\text{J}\,\text{K}^{-1}\,\text{mol}^{-1} = -198.75\,\text{J}\,\text{K}^{-1}\,\text{mol}^{-1}$

11・3 $\Delta_{\text{rxn}}G° = 2 \times (-394.36\,\text{kJ}\,\text{mol}^{-1}) - 2 \times (-137.17\,\text{kJ}\,\text{mol}^{-1})$
$\qquad\qquad = -514.38\,\text{kJ}\,\text{mol}^{-1}$

11・4 $\dfrac{1}{2}\text{H}_2(\text{g}) + \dfrac{1}{2}\text{I}_2 \longrightarrow \text{HI}(\text{g})$

$\Delta_f S = S_m°(\text{HI},\text{g}) - \{1/2\,S_m°(\text{H}_2,\text{g}) + 1/2\,S_m°(\text{I}_2,\text{s})\}$
$\qquad = 206.59\,\text{J}\,\text{K}^{-1}\,\text{mol}^{-1} - \{1/2\,(130.68) + 1/2\,(116.14)\}\,\text{J}\,\text{K}^{-1}\,\text{mol}^{-1}$
$\qquad = 83.18\,\text{J}\,\text{K}^{-1}\,\text{mol}^{-1}$

$\Delta_f G = \Delta_f H - T\Delta_f S$
$\qquad = 26.48\,\text{kJ}\,\text{mol}^{-1} - (298\,\text{K}) \times 83.18 \times 10^{-3}\,\text{kJ}\,\text{K}^{-1}\,\text{mol}^{-1}$
$\qquad = 1.69\,\text{kJ}\,\text{mol}^{-1}$

11・5 $\Delta_{\text{rxn}}G° = 2 \times (-16.45\,\text{kJ}\,\text{mol}^{-1}) = -32.90\,\text{kJ}\,\text{mol}^{-1}$

$RT \ln K = 32.90\,\text{kJ}\,\text{mol}^{-1}$
$\ln K = 32.90\,\text{kJ}\,\text{mol}^{-1}/2.479\,\text{kJ}\,\text{mol}^{-1} = 13.27$
$K = \exp(13.27) = 5.8 \times 10^5$

11・6 宇宙（系＋外界）が最初の状態から全く変化しない過程のことである．ケルビン卿の定義の場合，たとえば気体の入ったピストンを加熱して，熱エネルギーの損失なしに気体を膨張させ，それを完全に仕事に変えることは不可能ではない．しかし，仕事が完結した後にはピストンはもとの位置にはない．つまり変化が起こっている．クラウジウスの定義の場合，冷蔵庫やエアコンを考えると，低温物体から高温物体への熱移動が起こるが，電気エネルギーを使用しているので，電気供給部分に変化が起こっている．

11・7 $\Delta S_{\text{sys}} < 0$ であっても，$\Delta G = -T\Delta S_{\text{univ}} = \Delta H - T\Delta S_{\text{sys}} < 0$ であれば，反応は自発的に進行する．すなわち，反応の自発性を判断するには宇宙のエントロピーの変化に注目しなければならない．

11・8 $\dfrac{T_{\text{high}} - T_{\text{low}}}{T_{\text{high}}} = 0.5 \qquad \dfrac{T_{\text{low}}}{T_{\text{high}}} = \dfrac{1}{2}$

第12章 酸化と還元

12・1 NH_4^+ であるので，N$(-\text{III})$，H$(+\text{I})$．SO_4^{2-} であるので，S$(+\text{VI})$，O$(-\text{II})$ がそれぞれの原子の酸化数である．

12・2 $1.161\,\text{V} + 0.199\,\text{V} = 1.360\,\text{V}$

12・3 標準電極電位が最も高いフッ素の酸化力が最大である．

12・4 $\text{MnO}_4^-/\text{Mn}^{2+}$ 系の $E° = 1.507\,\text{V}$ が，$\text{Fe}^{3+}/\text{Fe}^{2+}$ 系の $E° = 0.771\,\text{V}$ より正側にあるので，Mn(VII) は Fe(II) を自発的に酸化できる．

12・5 $\Delta G = -nFE$
$\Delta G° = -nFE°$
$\Delta G = -nFE = \Delta G° + RT \ln Q = -nFE° + RT \ln Q$

したがって，

$E = E° - \dfrac{RT}{nF} \ln Q$

12・6 ダニエル電池における反応は

$$Zn(s) + Cu^{2+}(aq) \longrightarrow Zn^{2+}(aq) + Cu(s)$$

標準状態における起電力は $E° = 1.100\,V$, $n = 2$ である.反応商 Q は

$$Q = \frac{[Zn^{2+}]}{[Cu^{2+}]} = \frac{0.10}{0.0010} = 100$$

$$E = E° - \frac{RT}{nF} \ln Q$$

$$E = 1.10\,V - \left(\frac{8.3144\,J\,K^{-1}\,mol^{-1} \times 298.15\,K}{2 \times 96485\,C\,mol^{-1}}\right) \times \ln(100)$$

$$= 1.10\,V - 0.0128 \times \ln(100)\,V = 1.10\,V - 0.059\,V$$

$$= 1.04\,V \qquad\qquad (J = C\,V)$$

12・7　$2\,H^+(aq) + 2\,e^- \to H_2(g) \quad \Delta G°_1 = -2 \times F \times 0 = 0\,J$ 　　　(1)

$Zn^{2+}(aq) + 2\,e^- \to Zn(s) \quad \Delta G°_2 = -2 \times F \times E°$ 　　　(2)

$$E° = \frac{-147 \times 1000\,J\,mol^{-1}}{2 \times 96485\,C\,mol^{-1}} = -0.762\,V$$

12・8　電気量は $5.00\,A \times 3600\,s \times 6 = 10.80 \times 10^4\,C$

水の電解は $2\,H_2O(l) + 2\,e^- \to H_2(g) + 2\,OH^-$ の反応で水素ガスを発生するので,$H_2(g)$ のモル数は

$$\frac{10.80 \times 10^4\,C}{96485\,C\,mol^{-1}} \times \frac{1}{2} = 0.560\,mol$$

気体の状態方程式より

$$V = \frac{nRT}{p} = \frac{(0.560\,mol)(8.314\,J\,K^{-1}\,mol^{-1})(298\,K)}{10^5\,Pa}$$

$$= \frac{1387.4\,m^2\,kg\,s^{-2}}{10^5\,m^{-1}\,kg\,s^{-2}} = 0.013874\,m^3$$

第13章　酸と塩基

13・1　(a) CH_3COO^-　(b) $C_6H_5O^-$　(c) NH_4^+　(d) $NH_2NH_3^+$

13・2

1) 塩酸は希薄溶液ではほぼ完全に解離しているので,H_3O^+ の濃度は塩酸のモル濃度に等しいとみなせる.したがって

$$pH = -\log(0.100) = 1.00$$

2) 酢酸の解離平衡

$CH_3COOH + H_2O \rightleftarrows H_3O^+ + CH_3COO^-$ において,生成するヒドロキソニウムイオンのモル濃度を x とすると,平衡定数 K_a は

$$K_a = \frac{[H_3O^+][CH_3COO^-]}{[CH_3COOH]} = \frac{x^2}{0.100 - x} \quad \text{となる.}$$

分母の x は 0.100 に比べて非常に小さいので無視すると,

$$x^2 = K_a \times 0.100 = 1.80 \times 10^{-6}$$

$$x = 1.34 \times 10^{-3}$$

$$pH = -\log(1.34 \times 10^{-3}) = 2.87$$

3) アンモニアの解離平衡

$NH_3 + H_2O \rightleftarrows NH_4^+ + OH^-$ において,平衡定数 K_b は

$K_b = \dfrac{[NH_4^+][OH^-]}{[NH_3]}$ となる.

一方,アンモニアの共役酸であるアンモニウムイオンの解離平衡

$NH_4^+ + H_2O \rightleftarrows H_3O^+ + NH_3$ において,平衡定数 K_a は

$K_a = \dfrac{[H_3O^+][NH_3]}{[NH_4^+]}$ であるので,

$K_a \times K_b = [H_3O^+][OH^-] = K_w$ の関係がある。したがって,

$$K_b = \dfrac{K_w}{K_a} = \dfrac{1.00 \times 10^{-14}}{5.60 \times 10^{-10}} = 1.78 \times 10^{-5}$$

生成する水酸化物イオンのモル濃度を y とすると,

$K_b = [NH_4^+][OH^-]/[NH_3] = y^2/(0.100 - y)$ となる。

分母の y は 0.100 に比べて非常に小さいので無視すると,

$$y^2 = 1.78 \times 10^{-6}$$
$$y = 1.33 \times 10^{-3}$$
$$\text{pOH} = -\log(1.33 \times 10^{-3}) = 2.88 \quad \text{したがって,}$$
$$\text{pH} = 14.00 - \text{pOH} = 14.00 - 2.88 = 11.12$$

13・3

1) $HCO_2H\,(aq) + NaOH\,(aq) \rightleftarrows Na(HCO_2)\,(aq) + H_2O$ の中和反応に要する NaOH 水溶液の当量を求める。

$$25.00 \times 10^{-3}\,dm^3 \times \dfrac{0.200\,mol\,dm^{-3}}{0.150\,mol\,dm^{-3}} = 33.33 \times 10^{-3}\,dm^3$$

2) 生成する塩 $Na(HCO_2)$ は弱酸の塩であり, 水溶液中で

$HCO_2^-\,(aq) + H_2O \rightleftarrows HCO_2H\,(aq) + OH^-\,(aq)$ の平衡にある。

平衡定数 $K_b = \dfrac{K_w}{K_a} = \dfrac{1.00 \times 10^{-14}}{1.80 \times 10^{-4}} = 5.60 \times 10^{-11}$

3) 当量点における溶液の量は試料溶液と滴定溶液の量の和であるので, $25.00 \times 10^{-3}\,dm^3 + 33.33 \times 10^{-3}\,dm^3 = 58.33 \times 10^{-3}\,dm^3$ である。また, ギ酸の物質量は $25.00 \times 10^{-3}\,dm^3 \times 0.200\,mol\,dm^{-3} = 5.00 \times 10^{-3}\,mol$ であるので, 生成する HCO_2^- の解離前の濃度は,

$$[HCO_2^-] = \dfrac{5.00 \times 10^{-3}\,mol}{58.33 \times 10^{-3}\,dm^3} = 0.0857\,mol\,dm^{-3}$$

4) HCO_2^- の解離平衡において, $[OH^-]$ の濃度を $x\,mol\,dm^{-3}$ とすると,

$$K_b = \dfrac{[HCO_2H][OH^-]}{[HCO_2^-]} = \dfrac{x^2}{0.0857 - x}$$

5) x の値が 0.0857 に比べて桁違いに小さいので, 分母の x を無視すると, $x^2 = 5.60 \times 10^{-11} \times 0.0857$, $x = 2.19 \times 10^{-6}$ である。

6) すなわち, $\text{pOH} = -\log(2.19 \times 10^{-6}) = 5.66$ であり, したがって $\text{pH} = 14 - \text{pOH} = 14 - 5.66 = 8.34$ である。

13・4 1)

```
      OH
      |
  O=P—H
      |
      OH
     H₃PO₃
```

2)

```
      OH
      ‖
  O=S=S
      |
      OH
     H₂S₂O₃
```

13・5 1) ルイス酸 SO_3, ルイス塩基 H_2O 2) ルイス酸 $AgCl$, ルイス塩基 NH_3

13・6 滴定試料の酸の濃度を C_{A0}, 体積を V_A, 滴下した塩基の濃度を C_{B0}, 体積を V_B とする。この時点における酸濃度は

$$[H^+] = \dfrac{C_{A0}V_A - C_{B0}V_B}{V_A + V_B} \text{ である。}$$

当量点に近づくと, $C_{A0}V_A - C_{B0}V_B$ が急激に 0 に近くなり, 少量の塩基の滴下でも $[H^+]$ 濃度の桁数 $10^{-\text{pH}}$

を急激に減少させるので，pH は急激に上昇する。

13・7 OH 基の H が酸性の基になるので，中心原子が求電子性になるほど H^+ として脱離し易くなり酸性が高くなる。酸素の電気陰性度は大きいので，求電子性は中心原子に結合した酸素数が増すほど高くなるからである。

13・8 pH の定義から，もし $[H_3O^+]$ が $1\,\mathrm{mol\,dm^{-3}}$ 以上になれば，負の値を取りうる。本文にもあるように，水溶液において全ての H_2O がプロトン化されていれば，pH の下限は -1.74 である。

第 14 章　反応速度と触媒

14・1 式 (14-7) から壊変速度定数は
$$k = 0.693/8\,\mathrm{d} = 0.0866\,\mathrm{d}^{-1}$$

14・2
$$\frac{k_{373}}{k_{298}} = \frac{A\exp\left(-\dfrac{E_a}{R}\times\dfrac{1}{373\,\mathrm{K}}\right)}{A\exp\left(-\dfrac{E_a}{R}\times\dfrac{1}{298\,\mathrm{K}}\right)} = \exp\left(-\dfrac{E_a}{R}\times\left(\dfrac{1}{373\,\mathrm{K}}-\dfrac{1}{298\,\mathrm{K}}\right)\right)$$
$$= \exp\left(\frac{21000\,\mathrm{J\,mol^{-1}}}{8.31\,\mathrm{J\,mol^{-1}\,K^{-1}}}\times 6.75\times 10^{-4}\,\mathrm{K}^{-1}\right)$$
$$= 5.50$$

したがって，反応速度は 5.50 倍になる。

14・3

温度/K	$1/T/10^{-3}$	$\ln k$
298	3.36	-9.50
303	3.30	-8.74
308	3.25	-8.11
313	3.19	-7.25
318	3.14	-6.50
323	3.10	-5.90

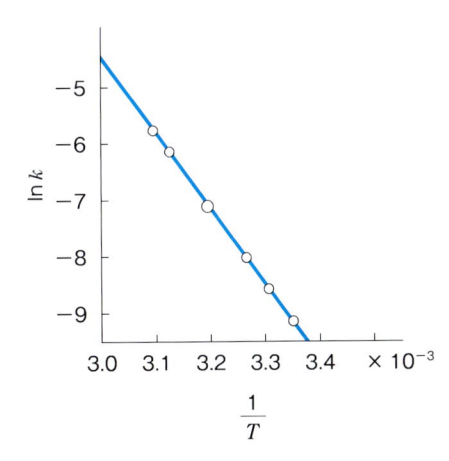

$$\text{勾配} = -\frac{3.60}{0.26\times 10^{-3}}\,\mathrm{K} = -13.85\times 10^{3}\,\mathrm{K}$$
$$E_a = -R\times(-13.85\times 10^3) = 8.314\,\mathrm{J\,K^{-1}\,mol^{-1}}\times 13.85\times 10^{3}\,\mathrm{K}$$
$$= 115\times 10^{3}\,\mathrm{J\,mol^{-1}} = 115\,\mathrm{kJ\,mol^{-1}}$$

14・4 低温では反応速度が速い生成物が優先的に生成するので，C が速度支配による生成物である。

14・5 半減期は，速度式の積分形 (式 14-8) において $[A]_t = (1/2)[A]_0$ になる時間である。すなわち，
$$t_{1/2} = \frac{1}{k}\left(\frac{2}{[A]_0} - \frac{1}{[A]_0}\right) = \frac{1}{k[A]_0}$$

したがって半減期は速度定数と初期濃度に依存する。

14・6 速度定数の温度依存性は式 (14-9) で示される。
$$k = A\mathrm{e}^{-E_A/RT} = \frac{A}{\mathrm{e}^{E_A/RT}}$$

この式において，温度 T が高くなれば指数項が減少するので分母が小さくなり，したがって速度定数 k が大きくなる。すなわち反応速度が速くなる。

14・7 (a) 速度式を 初期速度 $= k[\mathrm{ICl}]_0^x[\mathrm{H_2}]_0^y$ とする。実験 1, 2 では同じ $[\mathrm{H_2}]_0$ のときに $[\mathrm{ICl}]_0$ を 2 倍に

すると初期速度も 2 倍になっているので，おそらく $x=1$ である．実験 2, 3 では同じ $[\mathrm{ICl}]_0$ のときに $[\mathrm{H}_2]_0$ を 3 倍にすると初期速度も 3 倍になっているので，おそらく $y=1$ である．したがって速度式は初期速度 $= k[\mathrm{ICl}]_0[\mathrm{H}_2]_0$ である．

(b) 実験 1, 2, 3 から速度定数 k を計算すると

1　$0.37\,\mathrm{mmol\,dm^{-3}\,s^{-1}}/2.25\,\mathrm{mmol^2\,dm^{-6}} = 0.16\,\mathrm{mmol^{-1}\,dm^3\,s^{-1}}$

2　$0.74\,\mathrm{mmol\,dm^{-3}\,s^{-1}}/4.50\,\mathrm{mmol^2\,dm^{-6}} = 0.16\,\mathrm{mmol^{-1}\,dm^3\,s^{-1}}$

3　$2.20\,\mathrm{mmol\,dm^{-3}\,s^{-1}}/13.50\,\mathrm{mmol^2\,dm^{-6}} = 0.16\,\mathrm{mmol^{-1}\,dm^3\,s^{-1}}$

であるので，平均すると $0.16\,\mathrm{mmol^{-1}\,dm^3\,s^{-1}}$ になる．

(c) 実験 4 の初期濃度から

初期速度 $= 0.16\,\mathrm{mmol^{-1}\,dm^3\,s^{-1}} \times 4.7\,\mathrm{mmol\,dm^{-3}} \times 2.7\,\mathrm{mmol\,dm^{-3}}$

$= 2.0\,\mathrm{mmol\,dm^{-3}\,s^{-1}}$ である．

14・8　$^{14}\mathrm{C}$ は 1 次反応で減少していくので，化石中の $^{14}\mathrm{C}$ 濃度 $[^{14}\mathrm{C}]$ は現存木の $^{14}\mathrm{C}$ 濃度 $[^{14}\mathrm{C}]_0$ と

$$[^{14}\mathrm{C}] = [^{14}\mathrm{C}]_0 \exp(-kt)$$

の関係がある．半減期が 5730 年であるので，速度定数 k は

$$k = \frac{0.693}{5730\,\mathrm{y}} = 1.209 \times 10^{-4}\,\mathrm{y}^{-1}$$

である．化石中と現存木中の $^{14}\mathrm{C}$ の比率は 0.72 であるので，

$$\frac{[^{14}\mathrm{C}]}{[^{14}\mathrm{C}]_0} = 0.72 = \exp(-1.209 \times 10^{-4} \times t)$$

$$-1.209 \times 10^{-4} \times t = \ln 0.72$$

$$t = 2717\,\mathrm{y}$$

この木が死んだのは 2717 年前である．

索　　引

ア

IUPAC　International Union of Pure and Applied Chemistry　7
アクチノイド　actinoid　10
アクチノイド元素　actinoid element　26
アノード　anode　93
アボガドロ数　Avogadro's number　4, 15
アボガドロ定数　Avogadro constant　4, 15
アボガドロの法則　Avogadro's law　17
α 壊変　α-decay　24
α 粒子　α-particle　22
アレニウス酸・塩基　Arrhenius acid–base　96
アレニウス式　Arrhenius equation　106
アレニウスプロット　Arrhenius plot　107
安定同位体　stable isotope　24

イ，ウ

イオン化エネルギー　ionization energy　59
イオン結合　ionic bond　60
イオン結晶　ionic crystal　66
イオン半径　ionic radius　58
イオン半径比　ionic radius ratio　66
一次電池　primary battery　94
1 次反応　first-order reaction　105
陰イオン　anion　60, 89
陰極線　cathode ray　22
宇宙　universe　74

エ

永久機関　perpetual motion　84
　第二種の——　84
永年方程式　secular equation　52
s-ブロック元素　s-block element　10
SI　The International System of Units　1
SI 基本単位　SI base units　1
SI 組立単位　SI derived units　2
SI 単位　SI units　1
s 軌道　s-orbital　36
sp 混成軌道　sp hybrid orbital　55
sp^2 混成軌道　sp^2 hybrid orbital　54
sp^3 混成軌道　sp^3 hybrid orbital　54
X 線回折　X-ray diffraction　65
エネルギー準位　energy level　31
f-ブロック元素　f-block element　10
f 軌道　f-orbital　36
塩化セシウム構造　cesium chloride structure　65
塩化ナトリウム構造　sodium chloride structure　65
演算子　operator　36
エンタルピー　enthalpy　76
エントロピー　entropy　82

オ

黄リン　white phosphorus　70
オキソ酸　oxo-acids　97
オキソニウムイオン　oxonium ion　96
オクテット則　octet rule　62

カ

カーボンナノチューブ　carbon nanotube　70
外界　surroundings　74
外殻電子　outer shell electron　41
壊変　decay　24
壊変定数　decay constant　25
開放系　open system　74
化学当量　chemical equivalent　19
化学平衡　chemical equilibrium　86
可逆反応　reversible reaction　86
殻　shell　36
角運動量　angular momentum　34
角度関数　angular function　38
角度部分　angular part　38
重なり積分　overlap integral　52
カソード　cathode　93
活性化エネルギー　activation energy　106
活性化機構　activation mechanism　109
活性化遷移状態　activation transition state　106
活性触媒種　activated complex　109
活量　activity　87
過電圧　overpotential　94
価電子　valence electron　46
価電子殻　valence shell　46
価電子バンド　valence band　63
還元剤　reductant　89
還元反応　reduction　89
緩衝液　buffer　101

緩衝作用　buffer action　101
γ壊変　γ-decay　24

キ

気圧　pressure　4
貴ガス殻　noble gas shell　46
貴ガス構造　noble gas structure　45
基準電極　reference electrode　91
気体定数　gas constant　17
基底状態　ground state　34
規定度　normality　19
軌道　orbital　36
ギブズ（の自由）エネルギー　Gibbs (free) energy　86
基本単位　base units　1
吸収係数　absorption coefficient　31
吸熱的　endothermic　76
球面調和関数　spherical harmonics　38
共鳴積分　resonance integral　52
共役塩基　conjugate base　96
共役酸　conjugate acid　96
共有結合　covalent bond　61
共有結合結晶　covalent crystal　67
共有結合半径　covalent radius　57
極座標　polar coordinates　38
極座標図　polar coordinate figure　39
銀-塩化銀電極　Ag-AgCl electrode　92
均一系触媒反応　homogeneous catalysis　107
金属結合　metallic bond　63
金属元素　metallic element　10
金属半径　metallic radius　57

ク

クーロン積分　Coulomb integral　52
クーロンの法則　Coulomb's law　60
組立単位　derived units　1
グラフェン　graphene　70

ケ

系　system　74
ケクレ構造　Kekulé structure　83
結合エンタルピー　enthalpy of bonding　78
結合次数　bond order　52
結合性軌道　bonding orbital　48, 50
結晶　crystalline compound　65
原子　atom　6
原子核　nucleus　22
原子価結合法　valence-bond theory　54
原子軌道　atomic orbital　42, 48
　——の線形結合　linear combination of atomic orbitals　48
原子半径　atomic radius　14, 57
原子番号　atomic number　8
原子量　atomic weight　8, 16
原子論　atomic theory　21
元素　element　6
元素記号　element symbol　7
元素分析　elemental analysis　19
元素名　element name　7

コ

光合成　photosynthesis　46
光子　photon　28
格子欠陥　defect　71
恒常性　homeostasis　101
構成原理　Aufbau principle　44
酵素　enzyme　108
固体触媒　solid catalyst　108
孤立系　isolated system　74
混成軌道　hybrid orbital　54

サ

最高被占分子軌道　highest occupied molecular orbital　53
最低空分子軌道　lowest unoccupied molecular orbital　53
錯体　complex　102
錯体触媒　complex catalyst　108
酸化還元反応　redox reaction　90
酸化剤　oxidant　89
酸化数　oxidation number　89
酸化反応　oxidation　89
三重水素　tritium　24
酸性度定数　acidity constant　98

シ

紫外・可視吸収スペクトル　ultraviolet-visible spectrum　31
示強性物理量　intensive physical quantity　1, 74
式量　formula weight　19
磁気量子数　magnetic quantum number　36
σ結合　σ-bond　48
次元式　dimensional equation　2
自己プロトリシス定数　autoprotolysis constant　97

索　引　127

始状態　initial state　76
実験式　empirical formula　19
実在気体　real gas　18
質量数　mass number　15, 23
質量モル濃度　molality　19
自発的過程　spontaneous process　82
遮蔽　screening　41
遮蔽定数　screening constant　41
シャルルの法則　Charles's law　17
周期表　periodic table　8
終状態　final state　76
重水素　deuterium　24
自由電子　free electron　63
縮重　degeneracy　36
縮退　degeneracy　36
主遷移金属　main transition metal　11
主要族金属　main group metal　11
主要族元素　main group element　10
主量子数　principal quantum number　35, 36
シュレーディンガー方程式　Schrödinger equation　35
昇位　promotion　54
状態関数　state function　75
状態量　state quantity　74
蒸発熱　heat of vaporization　77
触媒　catalyst　107
示量性物理量　extensive physical quantity　1, 74

ス

水素様原子　hydrogen-like atom　38
水平化効果　leveling effect　100
スピン　spin　37
スピン量子数　spin quantum number　37

セ

正弦波　sine wave　30
生成エンタルピー　enthalpy of formation　77
節面　nodal plane　48
閃亜鉛鉱構造　zinc blende structure　65, 67
遷移元素　transition element　10
前指数項　pre-exponential factor　106

ソ

相対原子質量　relative atomic mass　16
相変化エンタルピー　enthalpy of phase transition　77
速度式　rate formula　104
速度支配　kinetic control　109
速度定数　rate constant　104
素反応　elementary process　106

タ

体心立方構造　body-centered cubic　70
体積　volume　4
第二種の永久機関　perpetual motion of the second kind　84
ダイヤモンド　diamond　67, 70
多形　polymorphism　70
ダニエル電池　Daniell cell　93
単位格子　unit cell　65
炭素同位体　carbon isotope　16
単体　simple substance　6

チ

中性子　neutron　23
超伝導　superconductivity　63

テ

定圧熱容量　constant pressure heat capacity　80
d-ブロック元素　d-block element　10
d 軌道　d-orbital　36
定容熱容量　constant volume heat capacity　80
滴定　titration　99
デュワーベンゼン構造　Dewar benzene structure　83
電気陰性度　electronegativity　59
電気化学系列　electrochemical series　92
電気素量　elementary electric charge　34
電気分解　electrolysis　94
　　——の法則　law of electrolysis　95
電気量　quantity of electricity　34
典型元素　typical element　10
電子　electron　22
電子雲　electron cloud　23
電子構造　electronic structure　45
電子親和力　electron affinity　59
電子スペクトル　electronic spectrum　31
電磁波　electromagnetic wave　29
電子配置　electron configuration　9, 43
電子ボルト　electron volt　27
電子密度図　electron density figure　39
電池　cell　93

伝導バンド　conduction band　63

ト

ド・ブロイ式　de Broglie equation　28
同位体　isotope　23
動径関数　radial function　38
動径節　radial node　38
動径分布関数　radial distribution function　38
等高線図　contour figure　39
動作電極　working electrode　91
同族元素　homologous element　8
同素体　allotrope　70
当量点　equivalent point　100

ナ

内殻　inner shell　47
内殻電子　inner shell electron　41
内遷移金属　inner transition metal　11
内部エネルギー　internal energy　75
流し　sink　88
鉛蓄電池　lead storage battery　94
波の位相　phase　30

ニ

二酸化ケイ素　silicon dioxide　68
二次電池　secondary battery　94
2次反応　second-order reaction　105

ネ

熱機関　heat engine　88
熱効率　heat efficiency　88
熱力学支配　thermodynamic control　109
熱力学第一法則　first law of thermodynamics　76
熱力学第二法則　second law of thermodynamics　82, 84
熱力学第三法則　third law of thermodynamics　84
熱力学的エントロピー変化　thermodynamic entropy change　83
ネルンストの式　Nernst equation　93
燃料電池　fuel cell　94

ハ

配位結合　coordinate bond　102
配位多面体　coordination polyhedron　67
π結合　π-bond　48
パウリの排他原理　Pauli exclusion principle　42
八偶説　octet rule　62
発光スペクトル　emission spectrum　31
パッシェン系列　Paschen series　32
発熱的　exothermic　76
波動-粒子二重性　wave-particle duality　28
波動関数　wave function　36, 37
波動性　wave property　28
ハミルトン演算子　Hamiltonian　36
バルマー系列　Balmer series　32
半金属　metalloid　11
反結合性軌道　antibonding orbital　50
半減期　half-life　25, 105
バンドギャップ　band gap　63
反応エンタルピー　enthalpy of reaction　76
反応機構　reaction mechanism　104
反応座標　reaction coordinate　106
反応次数　reaction order　105
反応商　reaction quotient　86
反応障壁　reaction barrier　109
反応速度　reaction rate　104

ヒ

p-ブロック元素　p-block element　10
pH　98
p軌道　p-orbital　36
非共有電子対　lone pair　51, 102
非金属元素　non-metallic element　10, 11
非自発的過程　nonspontaneous process　82
非晶質　amorphous substance　65
非水溶媒　non-aqueous solvent　18
ヒドロキソニウムイオン　hydroxonium ion　96, 98
比熱　specific heat　80
比熱容量　specific heat capacity　80
非分子　non-molecular compound　65
ヒュッケル近似　Hückel approximation　53
標準状態　standard state　78
標準水素電極　standard hydrogen electrode　91
標準電極電位　standard electrode potential　91
頻度因子　frequency factor　107

フ

ファラデー定数　Faraday constant　91
フェノールフタレイン　phenolphthalein　100
フェルミ準位　Fermi level　63

付加化合物　adduct compound　　102
不確定性原理　uncertainty principle　　29
不均一系触媒反応　heterogeneous catalysis　　107
副殻　subshell　　43
節　node　　30
不対電子　unpaired electron　　51
物質量　mole　　15
物理定数　physical constants　　4
物理量　physical quantity　　1
不定比　non-stoichiometry　　71
不定比化合物　non-stoichiometric compound　　70
フラーレン　fullerene　　70
ブラケット系列　Brackett series　　32
プランク定数　Plank constant　　27
ブレンステッド酸・塩基　Bronsted acid–base　　96
フロンティア軌道　frontier orbital　　53
分子軌道　molecular orbital　　48
分子結晶　molecular crystal　　66
分子式　molecular formula　　19
分子量　molecular weight　　16
フントの規則　Hund's rule　　43

ヘ

平衡支配　equilibrium control　　109
平衡定数　equilibrium constant　　87
閉鎖系　closed system　　74
β壊変　β-decay　　24
ヘスの法則　Hess's law　　79
ヘルムホルツの自由エネルギー　Helmholz free energy　　86
変分原理　variation principle　　52

ホ

ボイルの法則　Boyle's law　　17
方位節　angular node　　38
方位量子数　azimuthal quantum number　　36
放射性同位体　radioisotope　　24
飽和カロメル電極　saturated calomel electrode　　92
ボーアの振動数条件　Bohr frequency condition　　29
ボーア半径　Bohr radius　　35
HOMO　highest occupied molecular orbital　　53
ボルツマン定数　Boltzmann constant　　85
ボルツマンの式　Boltzmann equation　　85

マ，ミ，ム，メ

マンガン乾電池　manganese dry battery　　94
水の活量　activity of water　　98
無定形物質　amorphous substance　　65
メチルオレンジ　Methyl Orange　　100

モ

モーズリー則　Moseley's law　　8
モル　mole　　15
モル濃度　molarity　　19

ユ

融解熱　heat of fusion　　77
有効核電荷　effective nuclear charge　　41
有効原子番号　effective atomic number　　41
遊離基　free radical　　51

ヨ

陽イオン　cation　　60, 89
溶液　solution　　18
陽子　proton　　23
溶質　solute　　18
陽電子　positron　　25
溶媒　solvent　　18

ラ

ライマン系列　Lyman series　　32
ランタノイド　lanthanoid　　10
ランタノイド元素　lanthanoid element　　45
ランベルト–ベールの法則　Lambert–Beer's law　　32

リ

理想気体　ideal gas　　17
理想気体の法則　ideal gas law　　17
リチウムイオン電池　lithium ion battery　　94
律速段階　rate-determining step　　106
立方最密充填構造　cubic close-packed structure　　69
リトマス　litmus　　100
リュードベリ定数　Rydberg constant　　33
量子　quantum　　28
量子仮説　quantum hypothesis　　22
量子力学　quantum mechanics　　35
量論数　stoichiometric coefficient　　104

ル，レ

ルイス構造　Lewis structure　62
ルイス酸・塩基　Lewis acid-base　102
ルチル　rutile　68
LUMO　lowest unoccupied molecular orbital　53

励起状態　excited state　34

ロ

ローブ　lobe　48
六方最密充填構造　hexagonal close-packed structure　69

著者略歴

齋藤 太郎
　　さいとう　　たろう

1938 年	東京都に生まれる
1966 年	東京大学大学院工学系研究科工業化学専門課程博士課程修了（工学博士）
1966 年	東京大学工学部助手
1967 年	ラムゼーフェロー（オックスフォード大学無機化学教室）
1970 年	東京大学理学部助手
1977 年	東京大学理学部助教授
1982 年	大阪大学基礎工学部教授
1989 年	東京大学理学部教授
1993 年	東京大学大学院理学系研究科教授
1998 年	東京大学名誉教授
1999 年	神奈川大学理学部教授
2008 年	神奈川大学定年退職

化学の基本概念 －理系基礎化学－

2013 年 9 月 5 日　第 1 版 1 刷発行
2021 年 3 月 10 日　第 4 版 1 刷発行

検印省略

定価はカバーに表示してあります．

著作者　　齋藤太郎
発行者　　吉野和浩
　　　　　東京都千代田区四番町 8-1
　　　　　電話　03-3262-9166(代)
　　　　　郵便番号 102-0081
発行所　　株式会社　裳華房
印刷所　　中央印刷株式会社
製本所　　株式会社　松岳社

一般社団法人
自然科学書協会会員

JCOPY〈出版者著作権管理機構 委託出版物〉
本書の無断複製は著作権法上での例外を除き禁じられています．複製される場合は，そのつど事前に，出版者著作権管理機構（電話03-5244-5088, FAX03-5244-5089, e-mail:info@jcopy.or.jp）の許諾を得てください．

ISBN 978-4-7853-3092-7

© 齋藤太郎，2013　Printed in Japan

化学ギライにささげる 化学のミニマムエッセンス
車田研一 著　Ａ５判／212頁／定価（本体2100円＋税）

大学や工業高等専門学校の理系学生が実社会に出てから現場で困らないための，"少なくともこれだけは身に付けておきたい"化学の基礎を，大学入試センター試験の過去問題を題材にして懇切丁寧に解説する．

【主要目次】 0. はじめに　1. 化学結合のパターンの"カン"を身に付けよう　2. "モル"の計算がじつはいちばん大事！　3. 大学で学ぶ"化学熱力学"の準備としての"熱化学方程式"　4. 酸・塩基・中和　5. 酸化・還元は"酸素"とは切り分けて考える　6. 電気をつくる酸化・還元反応　7. "とりあえずこれだけは"的有機化学　8. "とりあえずこれだけは"的有機化学反応　9. センター化学にみる，"これくらいは覚えておいてほしい"常識

化学サポートシリーズ
化学をとらえ直す －多面的なものの見方と考え方－
杉森　彰 著　Ａ５判／108頁／定価（本体1700円＋税）

「無機」「有機」「物理」など，それぞれの講義で学ぶ個別の知識を本当の"化学"的知識とするためのアプローチと，その過程で見えてくる自然の姿をめぐるオムニバス．

【主要目次】 1. 知識の整理には大きな紙を使って表を作ろう －役に立つ化学の基礎知識とは－　2. いろいろな角度からものを見よう －酸化・還元の場合を例に－　3. 数式の奥に潜むもの －化学現象における線形性－　4. 実験器具は使いよう －実験器具の利用と新しい工夫－　5. 実験ノートのつけ方 －記録は詳しく正確に．後からの調べがやさしい記録－

化学サポートシリーズ
化学のための数学
藤川高志・朝倉清高 共著　Ａ５判／208頁／定価（本体2700円＋税）

物理化学の分野では，多くの数学が用いられる．その各領域で用いられている基本的な数学を，化学・材料科学系の学生（初心者）が手っ取り早く使いこなせるように解説したものである．本書では，基本定理の証明は数学書に譲り，定理の使い方，それの意味する物理的内容に記述の重点を置いた．

【主要目次】 1. 行列と行列式　2. 微分と微分方程式　3. ベクトル解析　4. 固有値と固有関数　5. 複素関数

化学英語の手引き
大澤善次郎 著　Ａ５判／160頁／定価（本体2200円＋税）

長年にわたり「化学英語」の教育に携わってきた著者が，「卒業研究などで困ることのないように」との願いを込めて執筆した．手頃なボリュームで，講義・演習用テキスト，自習用参考書として最適．

【主要目次】 1. 化学英語は必修　2. 英文法の復習　3. 化学英文の訳し方　4. 化学英文の書き方　5. 元素，無機化合物，有機化合物の名称と基礎的な化学用語　付録：色々な数の読み方

新・元素と周期律
井口洋夫・井口　眞 共著　Ａ５判／310頁／定価（本体3400円＋税）

物性化学の視点から，物質を構成する原子－電子と原子核による－の組立てを解き，化学の羅針盤である周期律と元素の分類，および各元素の性質を論じてこの分野の定番となった『**基礎化学選書　元素と周期律（改訂版）**』を原書とし，現代化学を理解するための新しい"元素と周期律"として生まれ変わった．現代化学を学ぶ方々にとって，物質の性質を理解しその多彩な機能を利用するための新たな指針となるであろう．

【主要目次】 1. 元素と周期律 －原子から分子，そして分子集合体へ－　2. 水素 －最も簡単な元素－　3. 元素の誕生　4. 周期律と周期表　5. 元素 －歴史，分布，物性－

裳華房ホームページ　https://www.shokabo.co.jp/

化学でよく使われる基本物理定数

量	記号	数値
真空中の光速度	c_0	2.99792458×10^8 m s^{-1} (定義)
電気素量	e	$1.602176634 \times 10^{-19}$ C (定義)
プランク定数	h	$6.62607015 \times 10^{-34}$ J s (定義)
	$\hbar = h/(2\pi)$	$1.054571818 \times 10^{-34}$ J s (定義)
原子質量定数	$m_u = 1$ u	$1.66053906660(50) \times 10^{-27}$ kg
アボガドロ定数	N_A	$6.02214076 \times 10^{23}$ mol^{-1} (定義)
電子の静止質量	m_e	$9.1093837015(28) \times 10^{-31}$ kg
陽子の静止質量	m_p	$1.67262192369(51) \times 10^{-27}$ kg
中性子の静止質量	m_n	$1.67492749804(95) \times 10^{-27}$ kg
ボーア半径	$a_0 = \varepsilon_0 h^2/(\pi m_e e^2)$	$5.29177210903(80) \times 10^{-11}$ m
真空の誘電率	ε_0	$8.8541878128(13) \times 10^{-12}$ C^2 N^{-1} m^{-2}
ファラデー定数	$F = N_A e$	9.648533212×10^4 C mol^{-1} (定義)
気体定数	R	8.314462618 J K^{-1} mol^{-1} (定義)
セルシウス温度目盛りにおけるゼロ点	T_0	273.15 K (定義)
標準大気圧	P_0, atm	1.01325×10^5 Pa (定義)
理想気体の標準モル体積	$V_m = RT_0/P_0$	$2.241396594 \times 10^{-2}$ m^3 mol^{-1} (定義)
ボルツマン定数	$k_B = R/N_A$	1.380649×10^{-23} J K^{-1} (定義)

数値は CODATA (Committee on Data for Science and Technology) 2018 年推奨値。
( ) 内の値は最後の 2 桁の誤差 (標準偏差)。

エネルギーの換算

単位	J	cal	dm^3 atm
1 J	1	2.39006×10^{-1}	9.86923×10^{-3}
1 cal	4.184	1	4.12929×10^{-2}
1 dm^3 atm	1.01325×10^2	2.42172×10^1	1

単位	J	eV	kJ mol^{-1}	cm^{-1}
1 J	1	6.24151×10^{18}	6.02214×10^{20}	5.03412×10^{22}
1 eV	1.60218×10^{-19}	1	9.64853×10^1	8.06554×10^3
1 kJ mol^{-1}	1.66054×10^{-21}	1.03643×10^{-2}	1	8.35935×10^1
1 cm^{-1}	1.98645×10^{-23}	1.23984×10^{-4}	1.19627×10^{-2}	1